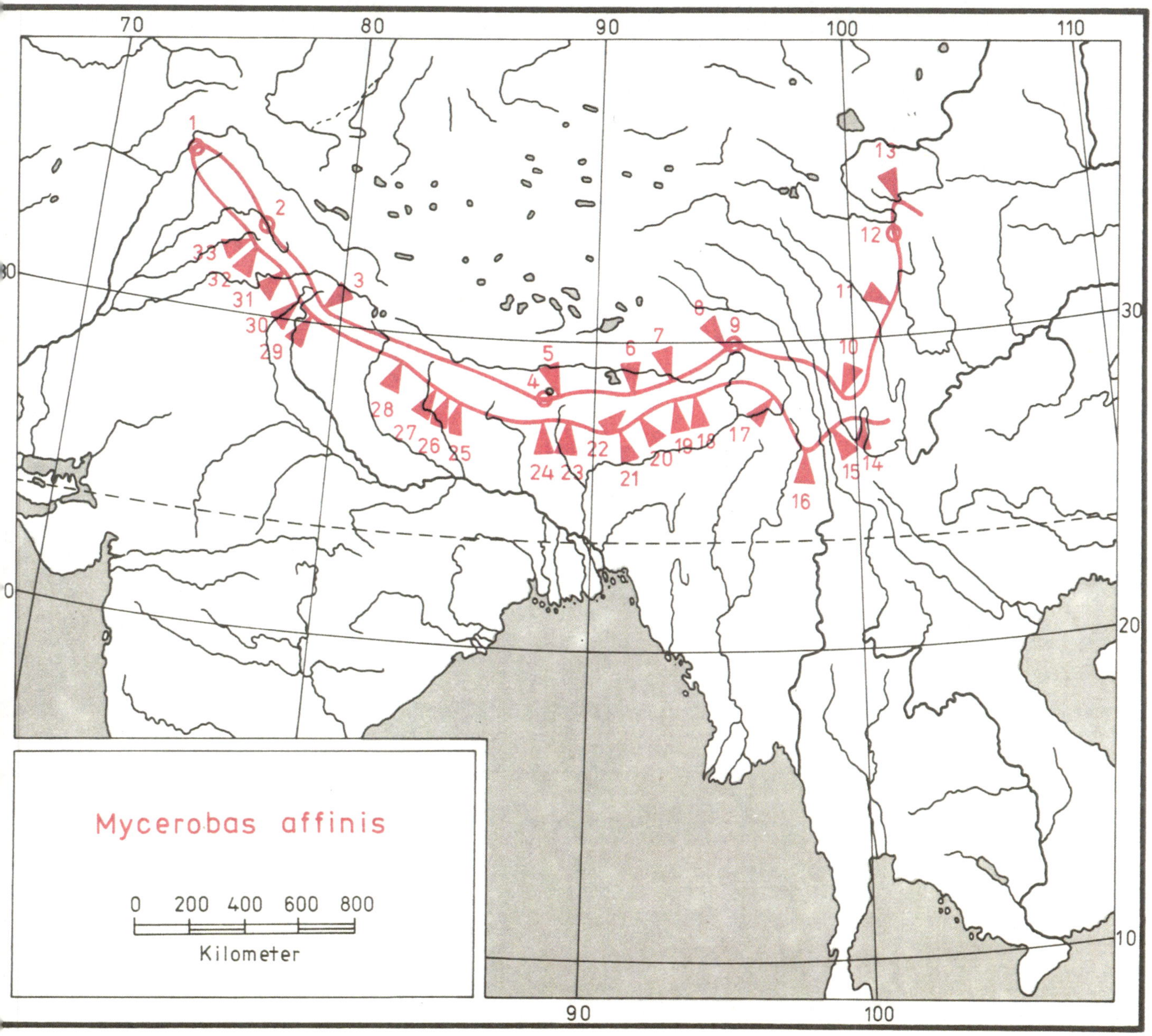

Berichtigung

Durch ein Versehen ist in der Verbreitungskarte von *Mycerobas affinis* in der Lieferung 13 die rote Beschriftung an unkorrekter Stelle plaziert worden.
Oben ein Neudruck der Karte mit den richtigen Verbreitungsgrenzen der Art.

3034/15 Stresemann/Portenko, „Atlas der Verbreitung palaearktischer Vögel", 15. Lieferung

ISBN 3-05-500309-8

AKADEMIE DER WISSENSCHAFTEN DER DDR

ATLAS DER VERBREITUNG PALAEARKTISCHER VÖGEL

Begründet von
E. STRESEMANN, Berlin, und L. A. PORTENKO, Leningrad

15. Lieferung

Herausgegeben von
H. DATHE, Berlin, und I. A. NEUFELDT, Leningrad

Bearbeitet von
I. A. NEUFELDT, E. v. VIETINGHOFF-SCHEEL, K. WUNDERLICH

Mit 10 zweifarbigen Verbreitungskarten

AKADEMIE-VERLAG BERLIN
1988

Aus der Forschungsstelle für Wirbeltierforschung (im Tierpark Berlin)
der Akademie der Wissenschaften der DDR

ISBN 3-05-500309-8

Erschienen im Akademie-Verlag Berlin, DDR-1086 Berlin, Leipziger Straße 3—4

Lizenznummer: 202 · 100/497/88
Printed in the German Democratic Republic
Gesamtherstellung: VEB Druckerei „Thomas Müntzer“, 5820 Bad Langensalza
LSV 1375
Bestellnummer: 763 689 0 (3034/15)
03000

Vorwort zur 15. Lieferung

Wiederum ist uns kollegiale Unterstützung von mancherlei Seite zuteil geworden. Besonders dankbar sind wir Prof. Dr. J. MARTENS (Mainz). Die zur Verfügung stehenden Ergebnisse seiner avifaunistischen Forschungen im Nepal-Himalaya ermöglichten es uns, ältere Angaben zu Fundorten in diesem Raum sehr erwünscht zu aktualisieren sowie die ökologischen Kommentare erfreulich detailliert zu geben.

Herrn J. DORNICS (Berlin), durch vorzügliches Anfertigen der Verbreitungskarten ab Lieferung 12 (1984) bestens bewährt, verloren wir durch unerwarteten Tod. An seine Stelle trat Frau R. SCHWARZ (Berlin).

Mit der Lieferung 16 unseres Kartenwerks wird Dr. WLADIMIR M. LOSKOT, Leiter der Ornithologischen Abteilung im Zoologischen Institut der Akademie der Wissenschaften der UdSSR in Leningrad, die Nachfolge der ausscheidenden Mitherausgeberin Dr. IRENA A. NEUFELDT antreten. Als weiterer Bearbeiter auf sowjetischer Seite fungiert dann WLADIMIR M. CHRABRYJ. Gemäß 1976 getroffener vertraglicher Regelung zwischen den beiden Akademien obliegt es ihnen, die notwendige Zuarbeit für Darstellung und Abfassen der Areale und Texte zu vornehmlich ostpaläarktischen Arten zu leisten sowie erforderlichenfalls das Mitwirken anderer sowjetischer Ornithologen zu koordinieren.

ERIKA V. VIETINGHOFF-SCHEEL   KLAUS WUNDERLICH

Inhalt der 15. Lieferung

XV · 1988

Certhia nipalensis Blyth

bearbeitet von

KLAUS WUNDERLICH

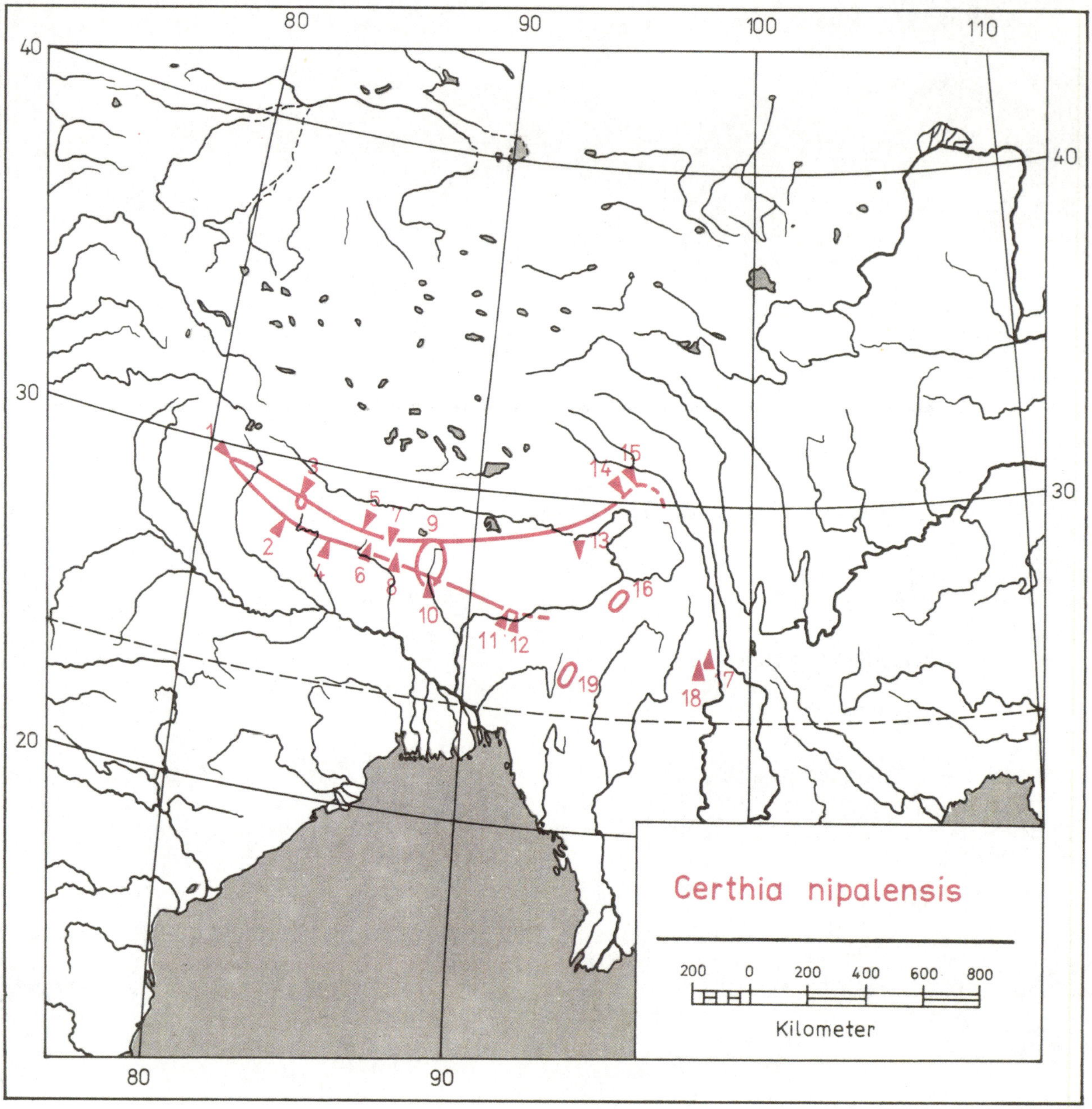

FUNDORTLISTE

1.	Jai Prithi Nagar (19. X.)		Fleming u. Traylor 1961
2.	Dhorpatan	A	Martens 1972
3.	Chadziou-Khola (23. X.)		Martens 1972
4.	Thimang oberhalb Bargarchap (Marsyandi-Tal)	A	Coll. Martens im Mus. A. Koenig, Bonn
—	oberes Langtang-Tal	A	Inskipp u. Inskipp 1985
—	bei Gapte	AJ	Inskipp u. Inskipp 1985
5.	Ting Sang La	A	Diesselhorst 1968, Inskipp u. Inskipp 1985
6.	Thodung	A	Diesselhorst 1968
7.	Patale (XII.)		Rand u. Fleming 1957
8.	bei Mangalbaré	A	Ripley 1950
9.	Lamteng (21. XII.)		Walton 1906
10.	Sikkim		
—	zw. Chungtang u. Lachung (3./4. XII.)		Coll. Zool. Mus. Berlin
—	Chungtang (10. XII.)		Meinertzhagen 1927
—	Zemu (2. XI.)		Coll. Zool. Mus. Berlin
—	Lachen (14. II., 5. XI.)		Coll. Zool. Mus. Berlin
—	Gangtok (10.–20. XII.)		Coll. Zool. Mus. Berlin
—	Rinchinpong (I.)		Meinertzhagen 1927
—	Changu (20. XII.)		Meinertzhagen 1927
11.	Chungkar (24. II.)		Ludlow u. Kinnear 1944
12.	Sakden (11. III.)		Ludlow u. Kinnear 1944
—	Takhto (10. III.)		Ludlow u. Kinnear 1944
13.	Südfuß Lo La	A	Ludlow u. Kinnear 1944

14. Trulung (2. III.)		LUDLOW 1951
15. Yigrong Tso (15. I.)		LUDLOW 1951
16. Naga Hills	↓	OATES 1889, ALI 1962
17. Chimili-Paßstr. (II.)	s	STANFORD u. MAYR 1941
— Nyetmaw-Paß (Imaw Bum)	A	STANFORD u. MAYR 1941
— am Chawngmaw (I.)		STANFORD u. MAYR 1941
18. nahe Hpare-Paß (24. III.)		STANFORD u. MAYR 1941
19. Manipur (= Imphal)	↓	ALI 1962
— N-Chachar (Winter)	↓	VAURIE 1959

Anmerkungen

Zu P. 16:

Laut OATES (1889) „bis in die Nága Hills verbreitet". ALI (1962) hält das Vorkommen für möglich.

Zu P. 19:

Vorkommen wird vermutet. Für Nord-Chachar bislang nur ältere Angaben zu winterlichen Strichvögeln zwischen 5000 und 6000 ft. verfügbar.

LITERATUR

ALI 1962 — Birds Sikkim. London. 354.

ALI 1979 — Birds Eastern Himalayas. Delhi-London-New York. 227.

DIESSELHORST 1968 — Khumbu Himal. Innsbruck-München. 357.

FLEMING u. TRAYLOR 1961 — Fieldiana: Zool. 35, 477.

FLEMING, FLEMING u. BANGDEL 1979 — Birds of Nepal. Kathmandu. 284.

INSKIPP u. INSKIPP 1985 — Guide Birds of Nepal. London-Sydney. 330—331.

KING u. DICKINSON 1980 — Birds of South-East Asia. London. 292.

LUDLOW 1951 — Ibis 93, 558.

LUDLOW u. KINNEAR 1944 — Ibis 86, 177.

MARTENS 1972 — Bonner zool. Beitr. 23, 96, 110—111, 120.

MARTENS 1981 — Behaviour 77, 287, 289, 292, 312—313.

MEINERTZHAGEN 1927 — Ibis 3 (12), 409.

OATES 1889 — Fauna of British India. London-Calcutta-Bombay-Berlin. I. 330, 332.

RAND u. FLEMING 1957 — Fieldiana: Zool. 41, 120.

RIPLEY 1950 — J. Bombay Nat. Hist. Soc. 49, 409.

STANFORD u. MAYR 1941 — Ibis 5 (14), 214.

VAURIE 1959 — Birds palearct. Fauna. Passeriformes. London. 546.

WALTON 1906 — Ibis 6 (8), 73.

Schriftliche Auskunft gab MARTENS (Nepal).

Certhia nipalensis Blyth

Nepal-Baumläufer

Zur Verbreitung

Wohl monotypisch. Burma-Vögel erwiesen sich beim Vergleich mit Stücken aus Sikkim als gering größer und farblich matter. Rücken und Unterschwanzdecken waren mehr ocker-lehmfarben, weniger rötlich braun, die Streifen auf dem Kopf eher weißlich. Diese Differenzen scheinen indessen nicht bedeutend genug, Trennen in eine West- und eine Ostform zu rechtfertigen.

Im Genus *Certhia* ist die spezifische Abgrenzung nach Gefiedermerkmalen noch heute teils unsicher. So legen erhebliche stimmliche Unterschiede zwischen weitab voneinander lebenden *C. familiaris*-Populationen (europäische, himalayanische, nordamerikanische) den Verdacht nahe, daß Speziation „vor allem in akustischen Merkmalen faßbar" ist „und daß die Artgrenzen noch nicht in allen Fällen richtig erkannt worden sind" (MARTENS 1981).

Es ist zu vermuten, daß *Certhia* ursprünglich in Asien entstand und ihr spezifisches Auffächern im wesentlichen in montanen Lagen der asiatischen Paläarktis geschah. Obwohl rezent die größte Artenkonzentration im zentralen Himalaya konstatiert wird (4 Spezies auf ca. 400 km NW-SE-Distanz: *familiaris*, *himalayana*, *discolor* u. *nipalensis*), war dieses Gebiet offensichtlich nicht Zentrum der Evolution von *Certhia*. *Discolor*, *himalayana* und *familiaris* sind dort eingewandert; *nipalensis* könnte dabei die Ausnahme sein. Ihr Areal mutet vergleichsweise reliktär an. Es geht vom mittleren Himalaya nur wenig weit über den Tsangpo (Brahmaputra-)bogen am Ostende des Gebirges hinaus. „Auffallenderweise leben die drei Arten mit weitgehend übereinstimmender (einfacher) Gesangs-Syntax alle benachbart im paläarktischen (und teilweise orientalischen) SO-Asien" (MARTENS 1981). Unter zoogeographischem Aspekt besteht die Vorstellung, daß jene zu Abkömmlingen von Elementen der Himalayanischen Subregion zählen, die einst von den südwestchinesischen, burmesischen und weiter östlich gelegenen Montangebieten aus die Himalaya-Südabdachung entlang westwärts vorgedrungen sind. Abnehmende Niederschlagssummen, dadurch mehr und mehr zurücktretende feuchte Bergwälder (obligate Habitate jener Vögel) setzen solcher westwärtigen Ausbreitung schließlich Grenzen.

Vertikal kommt der Nepal-Baumläufer im zentralen Himalaya (vgl. Abb. 2, p. 289, bei MARTENS 1981) während der Brutperiode in der oberen Hälfte des Waldgürtels zwischen 2550 und 3460 m vor. Die Art überschneidet sich dort in weiten Bereichen mit den o. g. Gattungsgenossen, allerdings registrierte MARTENS (1981) „meist markante Trennung in Abhängigkeit von Exposition des Biotops oder von verschiedenen Waldtypen. Nur ausnahmsweise fand ich zur Brutzeit drei Arten nebeneinander: *familiaris*, *himalayana* und *nipalensis* (Dhorpatan, südwestliches Dhaulagiri-Massiv)". DIESSELHORST begegnete *C. nipalensis* im Khumbu Himal Anfang Mai bei 3400 m, Anfang Juni bei 3000 m. LUDLOW (1951) vermerkte für Trulung (SE-Tibet) zu Märzbeginn auf 6500 ft. ein ad. ♂, LUDLOW und KINNEAR

(1944) sahen am 24. April am Lo La ad. ♂ bei 11500 ft. Nach Ali (1979) im Ost-Himalaya Sommervogel zwischen 2700 und 3500 m. King und Dickinson (1980) zufolge in NE-Burma resident oberhalb 7000 ft. Am 24. März wurde ein Exemplar bei 9000 ft. im *Rhododendron-Tsuga*-Wald in der Nähe des Hpare-Passes (P. 18) gesammelt (Stanford u. Mayr 1941). Diese Autoren nennen 9000—9600 ft. als vertikale Amplitude für NE-Burma.

Das brutzeitliche Vorkommen ist literarisch auffallend wenig belegt. Obwohl die Art winters streift, schien es ratsam, auch solche Fundorte in unsere Karte aufzunehmen, um gewisses Abrunden des Areals möglich zu machen. Der westlichste Nachweis wurde noch westlich des Karnali geführt (P. 1). Im Osten noch nicht jenseits der Chimili Hills (P. 17) ausgemacht worden.

Oekologie

Bisher sehr wenig bekannt. Fleming et al. (1976) nennen ihn Bewohner feuchter Eichen- und Nadelwälder, der sich (vgl. Meinertzhagen 1927) mehr an verrottete und bemooste Bäume zu halten scheint als andere Baumläufer und auch nur selten in hohes Zweigwerk aufsteigt. Martens (1972) charakterisiert das *nipalensis*-Habitat im Dhorpatan-Tal (Nepal-Himalaya) wie folgt: „Südexponierter, durch Brandrodung sehr lichter Wald aus *Rhododendron campanulatum*, im Vormonsum (IV, V) warm und trocken.“ Analoge Angaben machte Diesselhorst (1968) für Ost-Nepal. Seinen Funden zufolge erstreckt sich das Brutvorkommen über die gemäßigte Stufe im immergrünen Höhen- und Nebelwald. („Dieser Wald bedeckt im himalayanischen Mittelland vor allem die nicht mehr oder nur dünn besiedelte Kammzone . . . In dieser Zone findet man gelegentlich noch schöne Bestände verschiedener Ausprägung . . .

Es gibt fast reine *Rhododendron*-Wälder mit dünnen bis höchstens mittelstarken Stämmen und kaum mehr als 15 m Wipfelhöhe, vorherrschende Koniferenwälder, meist *Abies*, von teilweise großer Höhe und mit umfangreichen, alten Stämmen.“)

C. nipalensis wird von verschiedenen Autoren schweigsam genannt. Martens' (1981) Gehöreindruck: „Kurze, ganz unauffällige Triller-Strophe. Diese scheinen, nach Tonbandaufnahmen zu urteilen, energiereich zu sein, sind jedoch für das menschliche Ohr unauffällig und nur schwer zu orten.“ Stimmlich auffallend sehr wahrscheinlich — analog anderen Gattungsgenossen — allein während der Brutzeit (etwa Mai); dies könnte „ein Grund für die Spärlichkeit der Beobachtungen und für das scheinbare Fehlen in Gebieten sein, in denen er zu erwarten wäre . . .“ (Diesselhorst 1968). Meinertzhagen (1927, p. 409) erhebt gleichen Befund. Angaben — selbst nur lokaler Art — zur Abundanz können deshalb nicht gemacht werden; anscheinend ist sie nicht hoch. Diesselhorsts ostnepalischen Stücken zufolge fällt die Brutzeit dort wohl in den Mai (♀ mit reifenden Ovarialfollikeln am 7. V.; 2 ♂♂ mit maximal vergrößerten Testes am 3. V. u. 2. VI.). Martens' Belegstücke von Dhorpatan (P. 2) und Thimang (P. 4) allerdings hatten schon am 24. bzw. 15. April stark vergrößerte Gonaden, sangen und waren ortsfest im *Tsuga*-Laubmischwald.

Zur sommerlichen Vertikal-Verteilung im Dhaulagiri-Gebiet verglichen mit *C. himalayana* und *familiaris* siehe bei Martens (1972).

Wanderungen

Stand- und Strichvogel. Vollführt außerhalb der Brutzeit vertikale Streifereien, die um einiges über die Untergrenze sommerlichen Vorkommens hinausgehen können; so im östlichen Himalaya sommers zwischen 2700 und 3500 m, im Winter zwischen 3500 und 1500 m (Ali 1979). Ähnliches vermerken Stanford und Mayr (1941) für NE-Burma, vgl. dort. Ludlow (1951) sah die Art Mitte Januar in der Yigrong-Schlucht bei 7000 ft. Zur unwirtlichen Jahreszeit nicht selten, meist aber wenig zahlreich in gemischten Flügen mit Meisen, Laubsängern u. ä. Blanford (fide Oates 1889) begegnete derartigen „mixed hunting parties“ in Kiefernwäldern N-Sikkims zwischen 8000 und 13000 ft. Erscheint winters in Bhutan auf 6000 ft. Höhe, zwischen 5000 und 6000 ft. auch in N-Cachar.

XV · 1988

Sitta leucopsis Gould

bearbeitet von

KLAUS WUNDERLICH

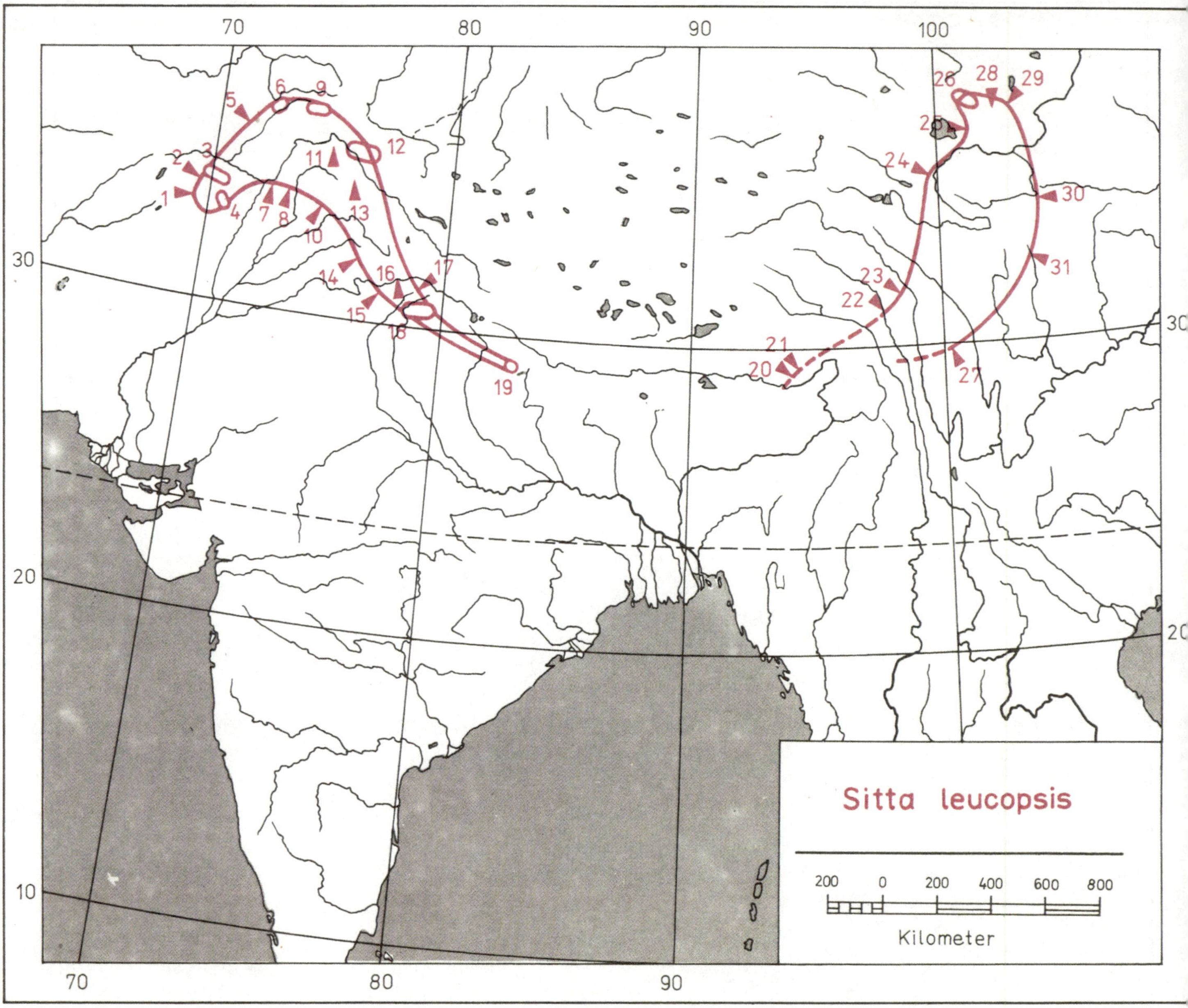

FUNDORTLISTE

1. Gardez Forest	A	MEINERTZHAGEN 1939
2. bei Byan Khel	A	WARDLAW-RAMSAY 1880
3. Safed Koh	Bc	WHITEHEAD 1909, VAURIE 1959
— Peiwar spur	Ac	WARDLAW-RAMSAY 1880
— nahe Peiwar Kotal	BNJ	WARDLAW-RAMSAY 1880
4. Kurram-Tal	A	WHITEHEAD 1909
5. Pashki	As	PALUDAN 1959
— oberhalb Sensa	BJ	LÖHRL u. THIELCKE 1969
6. Chitral	Bc	FULTON 1904, ALI u. RIPLEY 1973
7. Galis	Bc	WHISTLER 1930
8. Murray hills	B	ALI u. RIPLEY 1973
	c	WHITEHEAD 1909
— Murree	A	WHISTLER 1930 (Coll. STOLICZKA)
— (2. VII.)		BOWDLER SHARPE 1891
— um Dungagagli	N	RATTRAY 1905
— bei Miranjan	BNc	WHISTLER 1930
— Thandiani	Bc	MAGRATH 1908, WHISTLER 1930
9. Gilgit	ABc	SCULLY 1881, ALI u. RIPLEY 1973
10. Umgebung von Gulmarg	ANc	MEINERTZHAGEN 1927, BATES u. LOWTHER 1952
11. Astor	A	MEINERTZHAGEN 1928
12. Baltistan	Bc	ALI u. RIPLEY 1973
13. Sind valley	A	BOWDLER SHARPE 1891, MEINERTZHAGEN 1927
— bei Sonamarg	Ac	DAVIDSON 1898
— oberhalb von Gund	As	DAVIDSON 1898
14. bei Pulga	A	WHISTLER 1927
— bei Tcho-ti	c	WHISTLER 1927
— Kulu-Seite d. Passes Jalouri	A	WHISTLER 1927
15. Simla	Bs	MEINERTZHAGEN 1928
— nahe Simla	s	STOLICZKA 1868
16. um Chimi	Ac	STOLICZKA 1868

17.	oberhalb von Derali	Aa	BROOKS 1875
18.	Garhwal	B	ALI u. RIPLEY 1973
—	Dunagiri Ghad	A	LAVKUMAR 1956
19.	Suli Gad River (Dolpo Distr.)	c	FLEMING et al. 1979
—	bei Tarakot	A	INSKIPP u. INSKIPP 1985, MARTENS in litt.
—	Ringmo/ Phoksumdo-See	Ac	Coll. MARTENS
20.	bei Tse (17. XII.)		LUDLOW 1951
21.	bei Dzeng (IV.)		LUDLOW 1951
22.	Dza Chu (XI.)		VAURIE 1972
23.	Nom Chu	A	VAURIE 1972
24.	am Umu	A	PLESKE 1890
25.	Lassa (4. X.)		STRESEMANN et al. 1937, Coll. Zool. Mus. Berlin
26.	Süd-Tetung-Gebirge	A	STRESEMANN et al. 1937
27.	Malashi (Camp 18), S Litang (10. X.)		SCHÄFER u. MEYER DE SCHAUENSEE 1938 (1939)
28.	untere Dschu-lin-kou-Schlucht (6. IX.)		STRESEMANN et al. 1937
—	Kimar (5. III.)		STRESEMANN et al. 1937
29.	Chertenton (26. II.)		VAURIE 1972
30.	Mündung Jo-dsam-pu	A	PLESKE 1890
31.	bei Sungpan	A	SCHÄFER 1938

LITERATUR

ALI 1962 — Birds Sikkim. London. XXV.

ALI 1979 — Birds Eastern Himalayas. Delhi-London-New York. 222.

ALI u. RIPLEY 1973 — Birds India and Pakistan. Bombay-London-New York. 9. 217—219.

BANGS u. PETERS 1928 — Bull. Mus. Comp. Zool. Harvard 68, 365—366.

BATES u. LOWTHER 1952 — Breeding Birds Kashmir. London. 32—33.

BEREZOWSKI u. BIANCHI 1891 — Aves exped. Potanini Gans-su 1884—1887. Sanktpeterburg. 119—120.

BROOKS 1875 — Stray Feathers 3, 234.

CHENG 1976 — Distrib. List Chinese Birds (Rev. Ed.). Peking. 841.

DAVIDSON 1898 — Ibis 4 (7), 13—14.

FLEMING, FLEMING u. BANGDEL 1979 — Birds Nepal. Kathmandu. 282.

FULTON 1904 — J. Bombay Nat. Hist. Soc. 16, 48.

HARTERT 1910 — Vögel paläarkt. Fauna. I. Berlin. 337—338.

INSKIPP u. INSKIPP 1985 — Guide Birds Nepal. London-Sydney. 328.

LAVKUMAR 1956 — J. Bombay Nat. Hist. Soc. 53, 320.

LÖHRL u. THIELCKE 1969 — Bonner zool. Beitr. 20, 95—96.

LUDLOW 1951 — Ibis 93, 555.

MAGRATH 1908 — J. Bombay Nat. Hist. Soc. 18, 288.

MEINERTZHAGEN 1927 — Ibis 3 (12), 411.

MEINERTZHAGEN 1928 — Ibis 4 (12), 505.

MEINERTZHAGEN 1939 — Ibis 3 (14), 347.

MEYER DE SCHAUENSEE 1984 — Birds of China. Oxford. 444.

OSMASTON 1930 — J. Bombay Nat. Hist. Soc. 34, 110.

PALUDAN 1959 — Vidensk. Medd. J. nat. hist. Foren. København. 122, 250.

PETERS 1967 — Check-list Birds of the World. Cambridge/Mass., 137—138.

PLESKE 1890 — Wiss. Res. Przewalski Centr.-Asien. 2. St. Petersburg. 174—176.

RATTRAY 1905 — J. Bombay Nat. Hist. Soc. 16, 424.

SCHÄFER 1938 — J. Orn. 86, Sh., 284.

SCHÄFER u. MEYER DE SCHAUENSEE 1938 (1939) — Proc. Acad. Nat. Sci. Philadelphia 110, 213.

SCULLY 1881 — Stray Feathers 10, 103.

SHARPE 1891 — Sec. Yarkand Mission. London. 64.

STOLICZKA 1868 — J. Asiat. Soc. 2, 8, 26.

STRESEMANN, MEISE, SCHÖNWETTER 1937 — J. Orn. 85, 512—513.

VAURIE 1959 — Birds palearct. Fauna. Passerif. London. 530.

VAURIE 1972 — Tibet and its Birds. London. 314.

WARDLAW-RAMSAY 1880 — Ibis 4 (4), 51—52.

WHISTLER 1927 — J. Bombay Nat. Hist. Soc. 31, 461.

WHISTLER 1930 — Ibis 6 (12), 77.

WHISTLER 1944 — J. Bombay Nat. Hist. Soc. 44, 516.

WHITEHEAD 1909 — Ibis 3 (9), 115.

Sitta leucopsis Gould

Weißwangenkleiber

Gliederung

Polytypisch. Im Westen die unterseits helle Nominatform *S. l. leucopsis* Gould — von Ost-Afghanistan ostwärts bis in den Dolpo-Distrikt Nepals. Im Osten lebt *S. l. przewalskii* Berezovski et Bianchi, die sich von ihr durch rötlich braune Brust, mehr weißlichen Bauch, schwächeren kürzeren Schnabel und kürzeren Flügel unterscheidet — von Südost-Tibet nordostwärts bis Kansu. Ausführlich zur Färbung siehe bei HARTERT (1910).

Zur Verbreitung

Unser Kartenbild verdeutlicht Zweiteilung des Areals, zwischen ca. 83° und (vermutlich) 94 bis 95° östl. L. eine Verbreitungslücke, die etwa 1000 km Distanz ausmacht. Wie groß sie tatsächlich ist, kann zur Zeit nicht präzis angegeben werden. Wo das chinesische Vorkommen nach Südwesten hin aufhört, bleibt vorerst vage; die äußersten Fundorte 20 und 21 betreffen 2 ♀♀, von LUDLOW (1951) teils in untypischem Habitat in April und Dezember gesammelt. Auch P. 27 markiert einen Oktober-Vogel. Die Vermutung liegt nahe, daß es streifende Stücke waren. ALI (1979) vermerkt allerdings, daß sich *S. leucopsis* bis ins benachbarte Arunchal Pradesh ausbreiten kann (vgl. auch unter „Wanderungen").

Es ist denkbar, daß wachsende Menge von Steigungsniederschlägen der wohl mehr trocken-adaptierten Spezies in Ost-Nepal, Sikkim, Bhutan keine adäquaten Lebensräume mehr zu bieten vermag und geeignete sich ihr erst wieder ab osttibetische Abdachung eröffnen, deren paläarktische (von *Abies* und *Picea*) bewaldeten montanen Züge den Kleiber dann als selten und scheu charakterisierten Brutvogel beherbergen. MARTENS (brfl.) macht geltend, daß solche Interpretation nicht alles erkläre — zwischen den Massiven von Dhaulagiri und Annapurna (oberes Kali-Gandaki-Tal, Thakkhola) sowie nördlich des zuletzt genannten (oberer Marsyandi Khola) seien riesige, für die Art sehr günstige Habitate vorhanden (xerophile, ausgedehnte Nadelwälder aus *Pinus*, *Picea*, *Cupressus*, *Abies*). „Sie fehlt dort aber. Sicherlich haben jüngere (postglaziale) Ausbreitungsvorgänge stattgefunden, und das Dolpo als heutige O-Grenze war leicht erreichbar. Nördlich und südlich von Dhaulagiri und Annapurna verhinderten waldlose hohe Pässe bzw. regenreicher Monsunwald die O-Ausbreitung. Die heutige Disjunktion der beiden Subspezies ist sicherlich ein noch älteres Phänomen" (l. c.).

Die Nominatform lebt von etwa 2100 bis 3600 m Höhe (VAURIE 1959). Nach ALI und RIPLEY (1973) liegt das Verbreitungsoptimum bei 2400—3000 m. BATES und LOWTHER (1952) nennen 2250—3600 m für Kashmir. Die afghanischen Außenposten wurden von etwa 2200 m an aufwärts angetroffen (siehe LÖHRL u. THIELCKE 1969).

Die vertikale Verbreitung auf chinesischem Gebiet wurde zwischen 2135 und 4270 m ermittelt (MEYER DE SCHAUENSEE 1984).

Oekologie

Typisch für den Montanwald paläarktischer Prägung.

In Ost-Afghanistan, an der westlichen Peripherie des Areals, fand PALUDAN (1959) das Vögelchen ziemlich selten im gleichen Habitat wie von *S. europaea*, dabei vorkommend bis zur oberen Waldgrenze. Während *S. europaea* bei der Nahrungssuche an den Stämmen gesehen wurde, hielt sich *S. leucopsis* fast stets in den hohen Kronen auf bzw. im äußeren kleinen Zweigwerk. (Auf nach NW exponierten Hängen dominiert die Tränenkiefer (*Pinus wallichiana*), stocken *Abies himalayana* und *Picea morinda*, während auf den trockenen SE-Flanken *Cedrus deodara* und *Pinus gerardiana* anstehen.) LÖHRL und THIELCKE (1969) trafen den Weißwangenkleiber im gleichen Gebiet nicht in der Zone des Mischwaldes aus Steineiche und Himalaya-Zeder an, sondern erst ab ungefähr 2200 m in reinem Zedernwald. Dies bedeute nur teilweises lokales Getrenntsein vom Gattungsgenossen *S. cashmirensis*, dem überall dort begegnet worden sei, wo auch *leucopsis* vorkomme. Ökologische Differenz könne darin bestehen, daß die bei der Nahrungssuche gesehenen Weißwangenkleiber „stets an der Unterseite dichter, flechtenbehangener Zedernäste kletterten. *Sitta cashmirensis* hielt sich bevorzugt an Stämmen und der Oberseite der Äste auf" (l. c.).

BATES und LOWTHER (1952) treffen analoge Feststellungen für *S. leucopsis* in Kashmir. *S. cashmirensis* tritt regelmäßig in Misch- und Kiefernwäldern auf, während jener nahezu ausschließlich an Koniferen gebunden ist. Nahrungssuche dabei überwiegend in höheren Baumpartien, das Vögelchen kommt selten in den Unterwuchs herab. „Die Gegenwart des Vogels verrät oft ein lauter meckernder Pfiff aus einem Tannenwipfel, kurz darauf gefolgt von seiner gedrungenen Silhouette gegen den Himmel, wenn er auf kurzen runden Flügeln zum nächsten Baum eilt" (l. c.).

S. l. przewalskii wird als scheuer einsiedlerischer Bewohner der tibeto-paläarktischen Montanwaldregion charakterisiert, der parkähnlich lichte Fichten- und Tannenwälder in 3500—4000 m Höhe bevorzuge. Gelegentlich im selben Lebensraum wie *Picoides tridactylus funebris* (vgl. SCHÄFER 1938).

Angaben zum Fortpflanzungsgeschehen sind, zumindest für den Ostteil des Areals, nur spärlich verfügbar. Die Testes afghanischer ♂♂ waren im Mai zumeist noch maximal vergrößert. Bei einem ♀ gleicher Herkunft und Zeit waren die Follikel relativ klein, Ovidukt vergrößert, jedoch nicht maximal, so daß Eiablage vermutlich beendet war (PALUDAN 1959). In derselben Gegend schlüpften Junge in einer abgestorbenen Zeder am 3. oder 4. Juni (LÖHRL u. THIELCKE 1969). In der Nähe des Peiwar Kotal ein besetztes Nest am 21. Mai, ein gerade flügge gewordener Jungkleiber am 21. Juni (WHISTLER 1944). Im Rawal Pindi-Distrikt registrierte WHISTLER (1930) Eiablage gegen Ende Mai. DAVIDSON (1898) fand um Sonamarg einige Bruthöhlen zwischen 24. Mai und 12. Juni, sämtlich in abgestorbenen Stämmen, 6—15 m hoch; zwei erstiegene bargen jeweils 4 frische Eier. BATES und LOWTHER (1952) fassen für Kashmir zusammen: *S. leucopsis* klebt nicht, Nester und Gelege in natürlichen Baumhöhlen, gewöhnlich in beträchtlicher Höhe. 3 Nester gefunden in langen Spalten der Wipfel dürrer toter Bäume, die Blitzschlag getroffen hatte. Ein viertes Paar in alter Spechthöhle, die ebenfalls aufgesplittert. OSMASTON sammelte 2 Nester in *Abies* und *Taxus*. Bruthöhlenausstattung variiert — in einigen nichts weiter als wenige Grashalme und andere Reste, in anderen kompakte Gebilde aus Moos mit filziger Ausfütterung aus Haaren. Eier im Mai und Juni, wohl auch April, da fütternde Altvögel schon gegen Ende Mai bemerkt.

ALI und RIPLEY (1973) resümieren ähnliches für pakistanisches und indisches Territorium und erwähnen ein Bodennest unter einer Wurzel. Vollgelege mit 4—8 Eiern.

Beick beobachtete am 24. Februar im Fichtenwald bei Komandse ein Paar auf einem 4,5 m hohen, 40—50 cm dicken Fichtenstumpf, wo es sich an einem kleinen (recht frischen) Loch zu schaffen machte, groß genug, einen Kleiber durchschlüpfen zu lassen. Es führte etwa 13 cm weit in das Holz hinein (siehe bei Stresemann et al. 1937).

Vorzugsnahrung sind Samen von Nadelhölzern, so (im Westareal) von *Pinus wallichiana* und *P. gerardiana* (vgl. schon Stoliczka 1868). Periodisch mag Insektennahrung überwiegen; in Kansu ist Erbeuten fliegender Kerbtiere „like a Flycatcher" wahrgenommen worden.

Wanderungen

Stand- und Strichvogel, der saisonalen Witterungsunbilden und folgendem Nahrungsmangel vertikal und horizontal ausweicht. Ist regulärer Bestandteil außerbrutzeitlicher „hunting parties" aus Meisen, Baumläufern u. ä. Bei Verbreitungsoptimum zwischen 2400 und 3000 m im NW-Indien kommt die Art im Winter lokal bis auf 1800 m herunter; dann auch in nichttypischem Habitat, weitab von jedem Nadelwald.

XV · 1988

Phylloscopus neglectus Hume

bearbeitet von

Erika v. Vietinghoff-Scheel

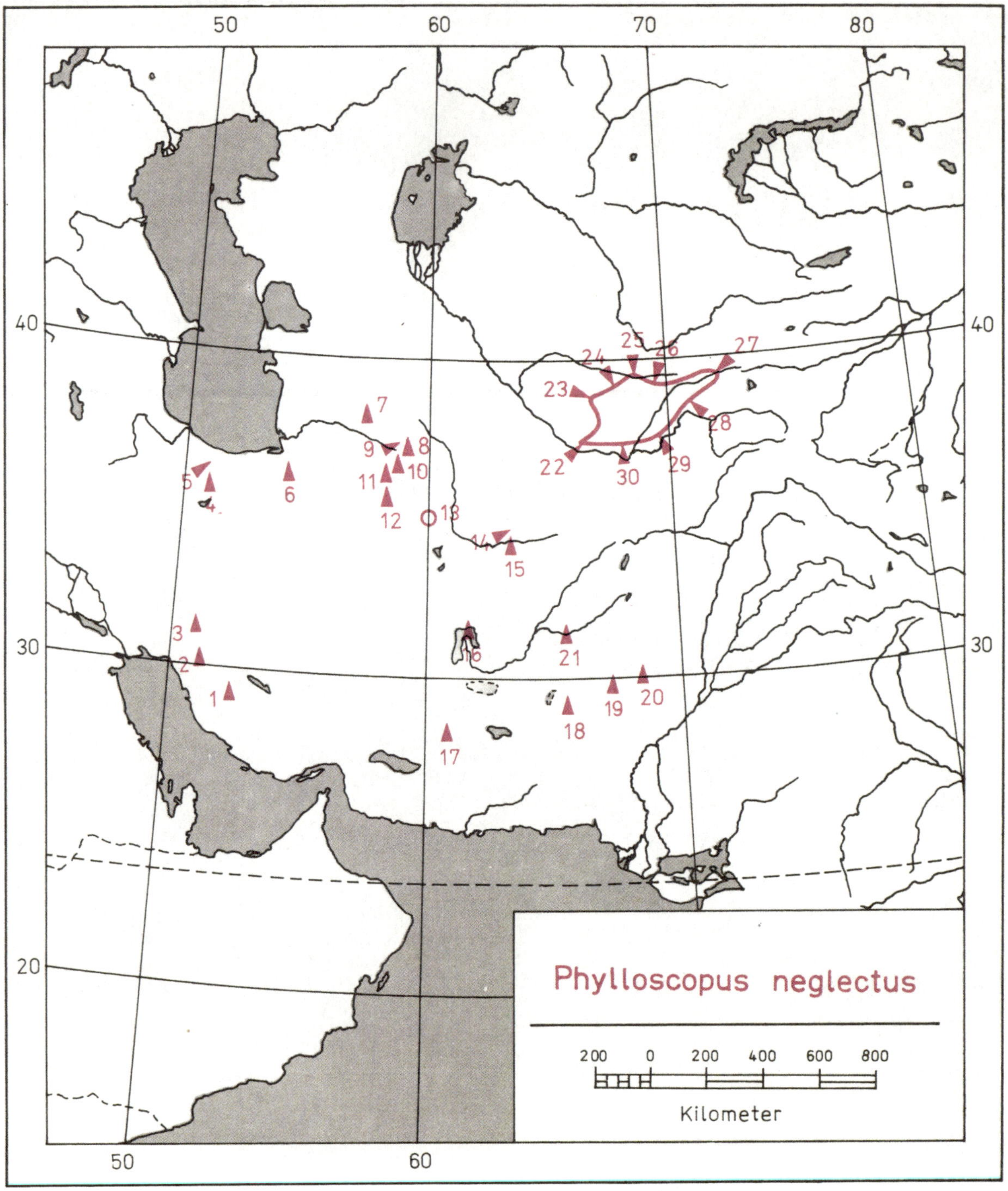

FUNDORTLISTE

1.	Kalah-Mushir	N	WITHERBY 1903
2.	Bija	A	WITHERBY 1903
3.	Ardal	B	WITHERBY 1907
4.	Shemshak	B	MARTENS (brfl. 1984)
5.	Dizin	A	VUILLEUMIER 1977
6.	Kharimserai	Ba	VAURIE 1954
—	Dimah	Ba	VAURIE 1954
7.	Domtschi (Kopet-dagh)	Ac	RADDE u. WALTER 1892
8.	Askabad (= Aschchabad)	↓ A	DRESSER 1889
9.	Guljuli-Plateau	Ac	RADDE u. WALTER 1892
—	Kürtseverdeh-tschesme	A	RADDE u. WALTER 1892
10.	Nachduinj	A	ZARUDNYJ 1896
11.	Chorj-Kej	A	ZARUDNYJ 1900
—	Chakj-Isterj	A	ZARUDNYJ 1900

12. Kale-Minar: Tschagartagau	Bs	ZARUDNYJ 1900
13. zw. Ferimun u. Turbet-Scheich-i-Dsham	B?	ZARUDNYJ 1903
14. Sauzak Kotal	A	PALUDAN 1959
15. Obeh (E Herat)	A	PALUDAN 1959
16. Faizabad (17. IV.)		PALUDAN 1959
— Bagrabad (17. IV.)		PALUDAN 1959
17. Koh i Taftan		fide TICEHURST 1938
18. Koh-i-Pusht	Ns	CHRISTISON 1941
19. Quetta	As	JOHN 1889
20. Ziarat	Ac	MEINERTZHAGEN 1920
21. Kandahar	As	JOHN 1889
22. Kugi-Tang	Ac	ABDUSALYAMOV 1973
23. Amankutan		DAL 1941 (fide IWANOW 1969)
— Paß Tachtakaratscha		DAL 1941 (fide IWANOW 1969)
24. Zebon	A	ABDUSALYAMOV 1973
25. Fluß Schachristan	A	ABDUSALYAMOV 1973
26. Kara-Tau	A	ABDUSALYAMOV 1973
27. Darautkurgan		IWANOW 1969
28. Peter I.-Gebirge	A	IWANOW 1969
— westl. Vorberge Darwaz	A	ABDUSALYAMOV 1973
29. Tschaschmai-Gabon (E Kuljab)		ABDUSALYAMOV 1973
30. Baba Tag	J	ABDUSALYAMOV 1973

Anmerkung zu P. 8.:
ZARUDNYJ (1896) zweifelte diesen Fundort wegen der geringen Höhenlage an; vermutlich handelt es sich um die Aschchabad westlich vorgelagerten Gebirgszüge.

LITERATUR

ABDUSALYAMOV 1973 — Fauna Tadjik SSR. Birds. Dushanbe. 19/2, 155—156.
BERLIOZ 1957 — Bull. Mus. Hist. Nat. Paris. 2. Ser., 29/6, 457.
BLANFORD 1876 — Eastern Persia. London. 2, 182—183.
CHRISTISON 1941 — Ibis (14) 5, 536.
DAL 1941 — (fide IWANOW 1969).
DRESSER 1889 — Ibis (6) 1, 87.
GALLAGHER u. WOODCOCK 1980 — Birds of Oman. London-Melbourne-New York. 258
IWANOW 1969 — Pticy Pamiro-Alaja. Leningrad. 289.
JOHN 1889 — Ibis (6) 1, 165.
LAUBMANN 1914 — Abh. Bayer. Akad. Wiss., Math.-phys. Kl., 26/9, 37.
v. LOUDON 1914 — Ann. Mus. Zool. St.-Petersb. 18, 498.
MEINERTZHAGEN 1920 — Ibis (11) 2, 153.
PALUDAN 1959 — Vidensk. Medd. Dansk nat. hist. Foren. 122, 227—228.
PTUSCHENKO 1954 — (fide ABDUSALYAMOV 1973)
RADDE u. WALTER 1892 — Vögel Transkaspiens. Tiflis. 49.
TICEHURST 1938 — Genus *Phylloscopus*. London. 59—63.
VAURIE 1954 — Amer. Mus. Novit. 1685/9, 7—8.
VAURIE 1959 — Birds palearct. Fauna. Passeriformes. London. 277.
VUILLEUMIER 1977 — La Terre et la Vie 31, 476—477.
WHISTLER 1922 — Ibis (11) 4, 291.
WITHERBY 1903 — Ibis (8) 3, 537.
WITHERBY 1907 — Ibis (9) 1, 87.
ZARUDNYJ 1896 — Orn. Fauna Zakaspijsk. Kraja. Moskwa. 104—105.
ZARUDNYJ 1900 — Sew.-Wost. Persii. St.-Petersb. 209.
ZARUDNYJ 1903 — Ois. Perse orient. St.-Petersb. 410—411.

Briefliche Auskunft erteilte MARTENS (Iran).

Phylloscopus neglectus Hume

Iran-Laubsänger

Verwandtschaft und Gliederung

Der Status von *Phylloscopus neglectus*, als conspezifisch mit *Ph. collybita* angesehen, wurde in der Literatur eingehend diskutiert (u. a. TICEHURST 1938, VAURIE 1954). In der vorliegenden Arbeit ist *neglectus* als monotypische Art behandelt und im System in Anlehnung an TICEHURST und VAURIE (l. c.) zwischen *Phylloscopus collybita* (Vieillot) und *Ph. bonelli* (Vieillot) eingeordnet worden.

Zur Verbreitung

Charakteristisch für diese Laubsängerart ist eine überwiegend inselartige Verbreitung in Gebieten Irans (im Norden zwischen dem Kaspi-Ufer und Teheran, südlich Asterabad, in Transkaspien im Kopet-Dagh und Chorasan, Chusistan, Fars, Kirman) sowie in Afghanistan und Balutschistan. Eine Grenzlinienziehung bot sich nur um die Vorkommen auf dem Gebiet der Sowjetunion, in Tadshikistan und Turkmenien an.

Oekologie

Über die Oekologie von *Ph. neglectus* ist bis jetzt nur wenig bekannt. Der Iran-Laubsänger bewohnt im gesamten Verbreitungsgebiet trockene Gebirgsregionen, die hauptsächlich mit Wacholder- oder Eichenwald und niedrigem Buschwerk bewachsen sind. Er ist kein ausgesprochener Hochgebirgsvogel; die oberste Grenze der Höhenverbreitung liegt bei ungefähr 2800 m im westlichen Afghanistan, wie PALUDAN (1959) angibt. Er entdeckte Mitte Juli in der Nähe von Obeh einige Exemplare in 2300—2800 m in Wacholdergestrüpp und nahe Sauzak Kotal bei 2500 m.

Im Nordiran (P. 4) traf MARTENS (brfl. 1984) *Ph. neglectus* südlich eines etwa 3200 m hohen Passes an: „Die Art ist dort zweifellos am Brutplatz in alpinen Matten, die mit Hochstauden und kleinen Büschen spärlich bestanden sind (*Betula*, *Rosa*)“. — Nach ZARUDNYJS Mitteilungen (1900) über das nordöstliche Persien ist *neglectus* dort ein schon gewöhnlicher Brutvogel im wacholderbestandenen Gebirgsland zwischen Achal-Teke und Kutschan-Meschhed; schon weniger häufig ist er in den Wacholderwäldern des Kale-Minar-Gebirges, und südlicher davon konnte er nirgendswo mehr festgestellt werden.

In Tadshikistan lebt *neglectus* ebenfalls in den traditionellen Wacholderbeständen, die allerdings stellenweise mit Geißblatt (*Lonicera*), wilden Mandelbäumen, Pistazien-Gestrüpp und verschiedenen Rosenarten durchwachsen sein können (ABDUSALYAMOV 1973).

Das Brutgeschehen ist nahezu unbekannt. WITHERBY (1903) beobachtete in Fars (P. 1) am 11. 4. einen Nistmaterial tragenden Vogel. Das zylinderförmige Nest war zwischen zwei buschigen Zweigen eines kleinen Strauches gebaut worden, teilweise mit Federn ausgefüttert und enthielt 4 reinweiße, ungefleckte Eier, die im Verhältnis zur Größe des Vogels groß waren. — ABDUSALYAMOV (1973) erwähnt den Fund eines Nestes vom 25. 5. aus dem Sanglok-Gebirge; flugfähige Junge wurden am 13. 6. am Marguzarskoje-See und am 13. 7. am Iskander-kul beobachtet.

Wanderungen

Von VAURIE (1959) als „not truly migratory“ bezeichnet. Eine Regelmäßigkeit im Zuggeschehen ist nicht nachzuweisen. Vermutlich kann *neglectus* die Wintermonate nahe seiner Brutplätze verbringen, so daß teilweise nur Horizontalwanderungen stattfinden. Auch sollen die Turkmenien bewohnenden Vögel seßhaft sein, während die tadshikischen als Zügler gelten (PTUSCHENKO 1954), die bereits zwischen dem 20. und 25. April an ihre Brutorte zurückgekehrt waren. Der Herbstzug setzt anscheinend im September ein.

Quetta: 1 Ex. vom 18. 1., sonst Sommervogel (MEINERTZHAGEN 1920). — Baluchistan: Pishin 10. 2. (BLANFORD 1876). — 1 Ex. 26. 9. (LAUBMANN 1914). — Chagai: Eine große Anzahl Überwinterer in Süd-Mekran. Zug durch Chagai im Februar, März, April—August, September, Oktober (CHRISTISON 1941). — Jhang District: Kadirpur 13.—17. 11., Jhang 21. 3., 13. 1., 15. 1. (WHISTLER 1922). — Talyscher Tiefland und Transkaspien: 13. 4., 15. 4. Fluß Tedshen (v. LOUDON 1914). — Iran: Bender Abbas 9. und 10. 12. (BERLIOZ 1957). — Für Oman wird er als seltener Wintergast vermerkt: 1 Ex. bei Sohar, Dezember 1925; zwei weitere von Thamarit, November 1978 (GALLAGHER u. WOODCOCK 1980).

XV · 1988

Phylloscopus magnirostris Blyth

bearbeitet von

Erika v. Vietinghoff-Scheel

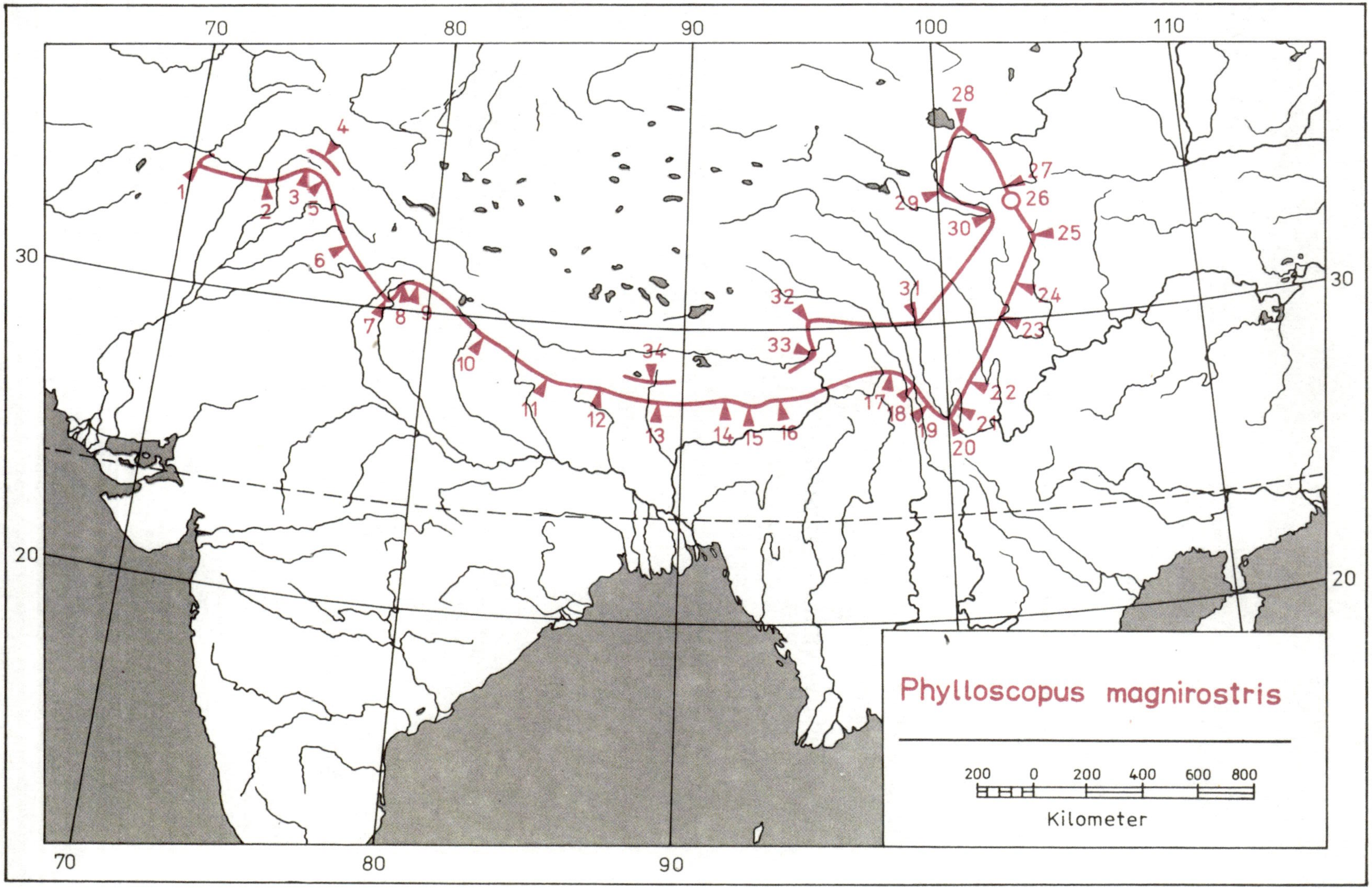
Phylloscopus magnirostris
200 0 200 400 600 800
Kilometer
70
80
90
100
110
30
20
1
2
3
4
5
6
7
8
9
10
11
12
13
14
15
16
17
18
19
20
21
22
23
24
25
26
27
28
29
30
31
32
33
34

FUNDORTLISTE

Nr.	Fundort		Quelle
1.	Safed Koh	Bs	WHITEHEAD 1909
2.	Galis	ABcN	WHISTLER 1930
—	Changla Gali (Murree)	N	BUCHANAN 1901
3.	zw. Barwan u. Gorai	Ac	OSMASTON 1930
4.	zw. Minimarg u. Dudgai	A	OSMASTON 1930
5.	zw. Gangadgir u. Sonamurg (Sind-Fluß)	Ac	DAVIDSON 1898
—	Gund	As	DAVIDSON 1898
6.	Kangra (27. IX.)	A	WHISTLER 1926
7.	zw. Sansoo u. Kauriagalia	A	BROOKS 1875
8.	Danguli	A	BROOKS 1875
9.	Gangaotri	A	BROOKS 1875
10.	Chankheli	B	INSKIPP u. INSKIPP 1985
11.	Phulchowk (IV.)	A	RAND u. FLEMING 1957
12.	Phunki (Dudh Kosi)	A	DIESSELHORST 1968
13.	Sharitang	A	LUDLOW u. KINNEAR 1937
—	Ha	N	LUDLOW u. KINNEAR 1937
—	Damthang	A	LUDLOW u. KINNEAR 1937
14.	Trashiyangsi	A	LUDLOW u. KINNEAR 1937
15.	Sakden	A	LUDLOW u. KINNEAR 1937
16.	Kyimpu	Ac	LUDLOW 1944
17.	Adung-Tal	Ac	KINNEAR 1934 STANFORD u. TICEHURST 1938
18.	Mekong-Tal zw. 28° u. 27^{30} N	A	ROTHSCHILD 1923
19.	Tao-mung-chung (IV.)	A	GREENWAY 1933
—	Chou-yu-gku (IV.)	A	GREENWAY 1933
20.	Likiang Range	A	ROTHSCHILD 1923
	Likiang Mountains	A	RILEY 1926
—	Gowa (S Yulo)	A	RILEY 1931
21.	Bayiwua	A	RILEY 1926
22.	Muli: Mt. Mitzuga Mt. Konka Djishi Bonti	A	RILEY 1931
—	Luddü Mts.	A	RILEY 1931
23.	Tatsienlu	Nc	STRESEMANN 1923
—	Hoangnipu (Tung-Tal)	A	SCHÄFER u. MEYER DE SCHAUENSEE 1939
24.	Kwan	Ac	STRESEMANN 1923
25.	60 km E Sungpan	ABc	STRESEMANN 1923
26.	Min-shan	A	LÖNNBERG 1924
27.	Tao-Fluß bei Choni	A	BANGS u. PETERS 1928
28.	E Kokonor	A	BEREZOWSKI u. BIANCHI 1891
29.	SW und S des Gelben Flusses gegenüber Radja	A	BANGS u. PETERS 1928
—	Dachso canyon	A	BANGS u. PETERS 1928
30.	Drakana (IX. u. X.)		BANGS u. PETERS 1928
31.	Batang	Bc	STRESEMANN 1923
32.	Lisum	A	LUDLOW 1951
—	Pasum Tso	A	LUDLOW 1951
33.	Pemakochung	A	LUDLOW 1951
34.	Lachen	A	SCHÄFER (unveröffentl.)

LITERATUR

ALI 1943 — J. Bombay Nat. Hist. Soc. 43, 576.
ALI u. RIPLEY 1948 — J. Bombay Nat. Hist. Soc. 48, 31.
ALI u. WHISTLER 1936 — J. Bombay Nat. Hist. Soc. 38, 493.
BAKER 1906 — Ibis (8) 6, 260—261.
BANGS u. PETERS 1928 — Bull. Mus. Comp. Zool. Harvard 68/7, 358.
BATES u. LOWTHER 1952 — Breeding Birds Kashmir. London. 134—136.
BEREZOWSKI u. BIANCHI 1891 — Aves Exped. Potanini Gan-su. St. Petersb. 82—83.
BROOKS 1875 — Stray Feathers 3, 243—244.
BUCHANAN 1901 — J. Bombay Nat. Hist. Soc. 12, 777.
BUTLER 1880 — Catal. Birds Southern Portion Bombay Residence. Bombay. 51.
DAVIDSON 1898 — Ibis (7) 4, 17—18.
DAVISON 1881 — Stray Feathers 10, 393.
DIESSELHORST 1968 — Khumbu Himal. Innsbruck-München. 278—279.
GREENWAY 1933 — Bull. Mus. Comp. Zool. Harvard 74/5, 146.
INSKIPP u. INSKIPP 1985 — Guide Birds Nepal. London-Sydney. 280.
HENRY 1955 — Guide Birds Ceylon. Oxford. 49.
HUME 1873 — Stray Feathers 1, 305.
HUME 1874 — Stray Feathers 2, 478.
HUME 1888 — Stray Feathers 11, 218.
KINNEAR 1934 — J. Bombay Nat. Hist. Soc. 37, 361.
LA TOUCHE 1923 — Ibis (11) 5, 404.
LÖNNBERG 1924 — Ibis (11) 6, 313—314.
LUDLOW 1944 — Ibis 86, 200.
LUDLOW 1951 — Ibis 93, 563.
LUDLOW u. KINNEAR 1937 — Ibis (14) 1, 287—288.
OSMASTON 1930 — J. Bombay Nat. Hist. Soc. 34, 132; 133.
PROUD 1949 — J. Bombay Nat. Hist. Soc. 48, 709.
RAND u. FLEMING 1957 — Fieldiana: Zool. 41/1, 167.
RATTRAY 1905 — J. Bombay Nat. Hist. Soc. 16, 425.
RILEY 1926 — Proc. Unit. States Nat. Mus. 70, Art. 5, 42.
RILEY 1931 — Proc. Unit. States Nat. Mus. 80, Art. 7, 64—65.
ROTHSCHILD 1923 — Novit. Zool. 30, 47.
SCHÄFER 1938 — J. Orn. 86 (SH.), 245.
SCHÄFER u. MEYER DE SCHAUENSEE 1939 — Proc. Acad. Nat. Sci. Philadelphia 90, 233.
SEEBOHM 1877 — Ibis (4) 1, 78.
STANFORD u. TICEHURST 1938 — Ibis (14) 2, 423.
STRESEMANN 1923 — Abh. Ber. Mus. Tierk. Völkerk. Dresden 16/2, 13.
TICEHURST 1938 — Genus Phylloscopus. London. 132—134.
VAURIE 1959 — Birds palearct. Fauna. Passeriformes. London. 289.
WAIT 1925 — Manual Birds Ceylon. Ceylon-London. 118.
WHISTLER 1926 — Ibis (12) 2, 576.
WHISTLER 1930 — Ibis (12) 6, 102.
WHISTLER 1944 — Spolia Zeylanica 23, 177.
WHITEHEAD 1909 — Ibis (9) 3, 126.
WOLTERS 1980 — Vogelarten der Erde. Hamburg-Berlin. 5. Lief. 363.

Phylloscopus magnirostris Blyth

Schluchtenlaubsänger

Verwandtschaft

Ticehurst (1938) und Vaurie (1959) stellen *Phylloscopus magnirostris* Blyth in ihren Systemen zwischen *Ph. borealis* (Blasius) und *Ph. trochiloides* Sundevall, während Wolters (1980) einer näheren Verwandtschaft zu *Ph. nitidus* Blyth und *Ph. tytleri* Brooks zuneigt.

Verbreitung

Vom Safed Koh aus, dem westlichsten bekannten Fundort, verläuft das Verbreitungsgebiet dieser monotypischen Art bogenförmig, über nahezu 35 Längengrade reichend, in südöstlicher Richtung bis zum Kukunor über die Nordwest-Frontier-Provinz, Kashmir, die himalayanische Region zwischen ca. 2000—3300 m, Sikkim, Bhutan, Süd- und Nord-Yünnan, das Likiang-Gebirge und Adung-Tal, Sikang, West-Szechuan, Südwest-Kansu.

Oekologie

Nach echter Laubsängerart lebt *Phylloscopus magnirostris* in Laubwäldern unterschiedlichster Zusammensetzung entlang von Flußufern und zum fließenden Wasser neigenden bewaldeten Hängen. Die häufigsten Vorkommen liegen in Birkenbeständen, Birken-Rhododendron-Tannen-Mischwäldern, reinen dichten Weiden-Dickungen im Hsifanbergland (Schäfer 1938). In oberen Höhenlagen gelangt er jedoch bereits in die lockeren Nadelwälder aus Fichte und Tanne (*Abies himalayana*, *Pinus wallichiana*), vermischt mit Walnuß, Hasel und Ulme (Kashmir; Osmaston 1930). Voraussetzung bleibt jedoch auch hier die unbedingte Nähe von Wasserläufen. Obwohl weit verbreitet, scheint der Schluchtenlaubsänger stellenweise nur ein seltener Sommervogel zu sein. 1877 äußerte Seebohm: „Nest and eggs of this bird are unknown". Und auch Diesselhorst (1968) schrieb fast 100 Jahre später noch, *magnirostris* „. . . gehört zu den Arten der Gattung, über deren Status als Brutvogel sich vorläufig noch mit am wenigsten sagen läßt". Nach intensiven Nachforschungen gelang ihm dann Mitte Juli im Wald oberhalb des Dudh Kosi zwischen 3400 und 3600 m der Nachweis des lange gesuchten Vogels an seinem charakteristischen Pfiff „düdi düdi düdi", und er vermutet, daß der Vogel sich an seinem Brutort befunden hat. — Auch Weigold (Stresemann 1923) zeigte sich vom Ruf dieses Laubsängers stark beeindruckt und schreibt: „An Rufen kenne ich ein nachtigallenartiges Hihd Sz sz und das stereotype unverkennbare schöne, I i ü ü, je zwei gleichhohe durch eine Terz getrennte laute, aber doch sanft klingende Töne, getreu nachzupfeifen".

Von Mai bis September halten sich die Schluchtenlaubsänger in ihren Brutrevieren auf, die in Höhen von ungefähr 1500 und 3600 m im Hsifan und im südlichen Sikang (Schäfer 1938) liegen, 2750 m bei Lachen (Schäfer unveröffentl.), 3600 m am Dudh Kosi (Diesselhorst 1968), im Safed Koh zwischen 2300 und 2600 m (Whitehead 1909). Er ist ein unauffälliger, heimlicher Vogel, der sich gern in den niedrigen Ästen der Bäume, im Unterwuchs der Wälder und in der dichten Krautschicht entlang der Flußufer aufhält. Auch sein Nest ist gut verborgen und kann z. B. in Wurzelhöhlen von abgebrochenen Bäumen, in Mulden überhängender Flußufer, in Felsspalten oder unsichtbar im Gewirr von Wurzeln gebaut sein, in jedem Fall aber nahe oder auf dem Boden und stets in der Nähe von Wasser (Bates u. Lowther 1952, Ludlow u. Kinnear 1937). Es gleicht einem lockeren Ball aus Gras, Moos, trockenen Blättern, auch aus Stengeln und Wurzeln von Farnen („Maiden-Hair"), alles ausgefüttert mit feinen Gräsern, oder es ist völlig aus Moos, das mit Haaren ausgepolstert ist. Jedoch wurden nie Federn als Polstermaterial festgestellt (Baker 1906). Das Normalgelege besteht aus 4 reinweißen Eiern; seltener wurden Nester mit 3 oder 5 Eiern gefunden. Die Brutzeit beginnt im Juni und kann in Ausnahmefällen bis Anfang September dauern (Bates u. Lowther 1952). Ein schon komplettes Nest wurde am 30. Juni bei Sonamarg gefunden, woraus man schließen könnte, daß in diesen Monat der Höhepunkt der Eiablage fällt. Als Nahrung werden allgemein Insekten angegeben.

Wanderungen

Phylloscopus magnirostris ist Zugvogel, der im September zum Flug in die Winterquartiere aufbricht. Nur wenige Exemplare scheinen in der Nähe ihrer Brutorte in tieferen Lagen zu überwintern. Inskipp u. Inskipp (1986) geben Winterbeobachtungen für Nepal an mit der Einschränkung, daß sie weiterer Bestätigung bedürfen: Phewa Tal, Ghorepani, Hetaura, Kosi Barrage, Kathmandu Valley (zwischen 75—2750 m). Proud (1949) hörte im Nepal Valley gelegentlich Vögel während des Frühjahrszuges und wahrscheinlich beim Rückflug im September.

Die Hauptüberwinterungsgebiete liegen auf dem indischen Subkontinent: Calcutta (Seebohm 1877); Deccan, S Mahratta country; Belgaum (Butler 1880); Mysore (Ali 1943); Nilghiris (Davison 1881); Cochin und Travancore (Ali u. Whistler 1936); weiterhin auf Ceylon (= Sri Lanka) (Wait 1925, Whistler 1944, Henry 1955), in den Mishmi Hills (Ali u. Ripley 1948), auch in Manipur, Assam, Sylhet, Cachar (Hume 1888), Tenasserim (s. n. *sylvicultrix*; Hume 1874), auf den Andamanen: Port Blair (Hume 1873). Mengtsz-Plateau 24. 4. (La Touche 1923). Hattin-Gurgaon/Pandschab, 2. 11. (Coll. Zool. Mus. Berlin).

XV · 1988

Phylloscopus occipitalis (Blyth)

bearbeitet von

Irena A. Neufeldt und Erika v. Vietinghoff-Scheel

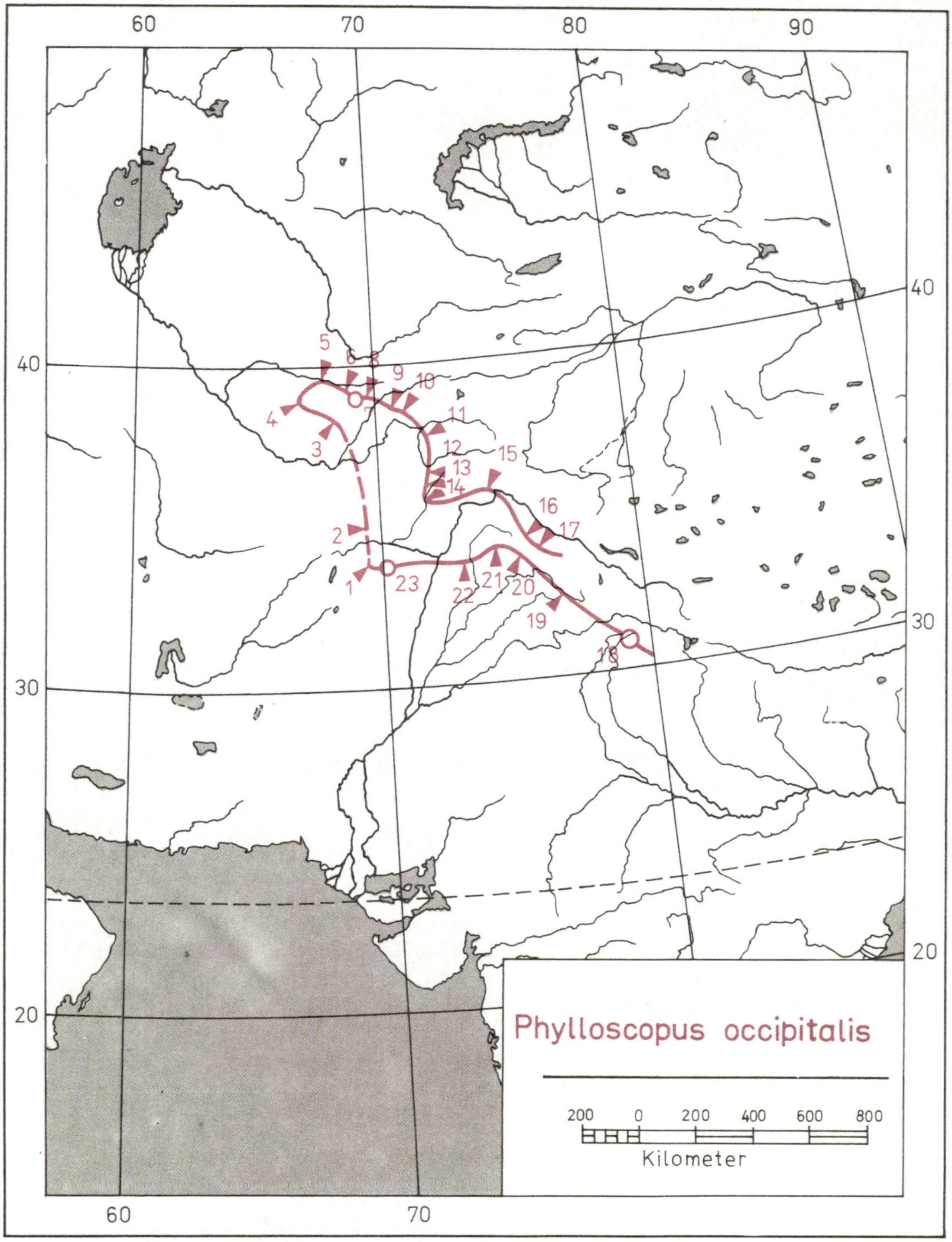

FUNDORTLISTE

1. Byan Khel (s. n. *Ph. viridanus* u. *plumbeitarsus*)	A	Wardlaw-Ramsay 1880
2. Kail	A	Koelz 1939
3. Silbursaj	A	Popow 1959
4. Fluß Tanchas (SE Schachrisjabs)	AJc	Meklenburcew 1958
5. Artutsch	Js	Coll. Zool. Inst. Leningrad
6. Umgebung des Iskanderkul	BJ	Iwanow 1969

7. Warzob-Becken	AJc	Iwanow 1969
— Fluß Siema	J	Abdusalyamov 1973
— Obisafed	A	Iwanow 1969
— Kwak	J	Iwanow 1969
— Dshojrichonaga	A	Iwanow 1969
— Takob	A	Iwanow 1969
— Fluß Zirtsch	A	Iwanow 1969
— Chodshi-Obigarm	A	Iwanow 1969
— Kondara	A	Popow 1959
8. Romit	A	Popow 1959

9. Tschil-Dora (am Fluß Obichingoj)	A	IWANOW 1969
10. Westteil des Darwaz-Gebirges:		
Jogit	J	IWANOW 1969
Amrynj	A	IWANOW 1969
Wischarwi	J	ABDUSALYAMOV 1973
11. Kalai-Wamar (= Ruschan)	J	IWANOW 1969
12. Sanglech	A	KOELZ 1939
— Stiewe	As	LÖHRL u. THIELCKE 1969
13. Pashki	Bc	PALUDAN 1959
— Sensa	Ac	LÖHRL u. THIELCKE 1969
14. Wama	A (B)?	LÖHRL u. THIELCKE 1969
15. Gilgit	AJ	SCULLY 1881
16. Sonamarg	N	OSMASTON 1926
— Sind-Tal	ANc	DAVIDSON 1898
— Wankadal	A	OSMASTON 1926
— Gond (= Gund)	A	SHARPE 1891
— Gaganghir	A	SHARPE 1891
17. Baltal	A	SHARPE 1891
18. Gharwal	A	BATES u. LOWTHER 1952
19. Kyelang	AcN	WHISTLER 1925
— Sissoo	AcN	WHISTLER 1925
20. Pahalgam (Liddar-Tal)	A	MARTENS 1980
21. Gulmarg	AN	BROOKS 1872
— Ruttun Pir Mts.	As	BROOKS 1872
— Tragbal	A	OSMASTON 1930
— zw. Olus u. Sunarwani	A	OSMASTON 1930
22. Murree	Ac	RATTRAY 1905
	Nc	COCK u. MARSHALL 1873
— Galis	ABN	WHISTLER 1930
23. Safed Koh-Range	Ac	WHITEHEAD 1909

LITERATUR

ABDUSALYAMOV 1973 — Fauna Tadjik SSR, 19/2. Birds. Dushanbe. 160.
ALI 1939 — J. Bombay Nat. Hist. Soc. 41, 98.
ALI 1943 — J. Bombay Nat. Hist. Soc. 43, 577.
ALI 1955 — J. Bombay Nat. Hist. Soc. 52, 760—761.
ALI u. RIPLEY 1973 — Handb. Birds India, Pakistan. Bombay, London, New York. 8, 172—174.
ALI u. WHISTLER 1936 — J. Bombay Nat. Hist. Soc. 38, 493.
BATES u. LOWTHER 1952 — Breeding Birds Kashmir. London. 136—137.
BÖHME u. SYTOW 1963 — Izw. Otd. biol. nauk Akad. Nauk. Tadshik. SSR 3/14, 10.
BROOKS 1872 — Ibis (3) 2, 24; 26.
COCK u. MARSHALL 1873 — Stray Feathers 1, 355.
DAVIDSON 1898 — Ibis (7) 4, 18.
FLEMING u. TRAYLOR 1968 — Fieldiana: Zool. 53/3, 181.
IWANOW 1969 — Pticy Pamiro-Alaja. Leningrad. 291—292.
KOELZ 1939 — Proc. Biol. Soc. Washington 52, 71.
LÖHRL u. THIELCKE 1969 — Bonn. Zool. Beitr. 1, 86—87.
MARTENS 1980 — Fortschritte Verhaltensf. 22 (Beih. Z. Tierpsych.) 12.
MEKLENBURCEW 1958 — Trudy Sredneaziat. uniw., n. s., 130, biol. nauki, 30, 92—93.
NAKAMURA 1976 — Tori 25 (99), 39.
OSMASTON 1926 — J. Bombay Nat. Hist. Soc. 31, 188.
OSMASTON 1930 — J. Bombay Nat. Hist. Soc. 34, 111; 133.
PALUDAN 1959 — Vidensk. Medd. Dansk nat. hist. Foren. 122, 232.
POPOW 1959 — Pticy Gissaro-Karategina. Stalinabad. 94.
PROUD 1949 — J. Bombay Nat. Hist. Soc. 48, 709.
RATTRAY 1905 — J. Bombay Nat. Hist. Soc. 16, 425.
SCULLY 1881 — Ibis (4) 5, 449.
SHARPE 1891 — Sec. Yarkand Mission. Aves. London. 80.
WARDLAW-RAMSAY 1880 — Ibis (4) 4, 59.
WHISTLER 1916 — Ibis (10) 4, 52.
WHISTLER 1925 — Ibis (12) 1, 169.
WHISTLER 1926 — Ibis (12) 2, 576.
WHISTLER 1930 — Ibis (12) 6, 102.
WHITEHEAD 1909 — Ibis (9) 3, 126.

Phylloscopus occipitalis (Blyth)

Dachskopflaubsänger

Verwandtschaft und Gliederung

Monotypische Art, deren nächster Verwandter *Phylloscopus coronatus* (Temminck u. Schlegel) ist.

Verbreitung

Der geringste Anteil des Areals liegt auf sowjetischem Gebiet in Mittelasien, wo *Phylloscopus occipitalis* seine nordwestliche Verbreitungsgrenze hat. Das Brutgebiet ist hier allerdings noch nicht erschöpfend geklärt; bekannt ist nur, daß es die Gebirge des Altai-Systems im Norden bis zum Zerawschan-Tal umfaßt und im Süden bis zu den Südhängen des Hissar-Gebirges (ausgenommen das Bajsuntau-Gebirge), im Osten bis zum Peter-der-Große-Gebirge, dem Darwazskij-Gebirge und Nord-Badachschan reicht. Von dort aus erstreckt es sich über das östliche Afghanistan, den Safed Koh und die benachbarte Nordwest-Frontier-Provinz nach Gilgit im Norden weiter über die westlichen Ausläufer des Himalaya bis nach Kumaon. Ob es sich bei Exemplaren vom 19. und 20. 4. aus Dandeldhura, dem bisher östlichsten uns bekannten Fund, um einen Brutpunkt handelt (FLEMING u. TRAYLOR 1968), ist noch nicht bewiesen. Die Grenzziehung wurde deshalb in diese Richtung hin offen gelassen.

Oekologie

Phylloscopus occipitalis ist offenbar der häufigste Laubsänger dort, wo immer zusagende lichte und offene Wälder anzutreffen sind. Es spielt dabei keine Rolle, ob es sich um reine Laub- oder Nadelwälder oder Mischwälder handelt. Eine spezielle Anpassung an gewisse Höhenlagen läßt sich nicht erkennen. BROOKS (1872) berichtet, daß diese Laubsänger in beinahe allen Höhenstufen oberhalb der Kashmir-Ebene anzutreffen seien. Auffallend große Vorkommen liegen nach BATES u. LOWTHER (1952) in Kashmir zwischen ca. 1800—2400 m, doch trifft man sie dort selbst noch bis zur obersten Waldgrenze an. — Bei Pashki (Afghanistan) fand PALUDAN (1959) sie als kommune Brutvögel in Hasel- und Weidengestrüpp auf Talsohlen und ebenso in den lichteren Partien der unterschiedlichsten Nadelwaldtypen bis hin zur oberen Baumgrenze. — Als häufigsten Laubsänger des Weidengehölzes bei etwa 3000 m, wo er seinen lauten und angenehmen Gesang hören läßt, wird er für Lahul (zwischen Sissoo und Kyelang) bezeichnet (WHISTLER 1925).

In der Sowjet-Union ist die Ökologie von *Ph. occipitalis* bislang wenig erforscht worden. Nach Angaben IWANOWS (1969) brütet er in den gebirgigen Laubwäldern zwischen 1400—2200 m, wie z. B. im Warzob-Tal, wo er in Ahornwäldern vorkommt, die mit Walnuß- und Apfelbäumen untermischt sind und dichtes Unterholz aus Heckenrosen, Geißblatt usw. haben. Im Kaschka-Darja-Tal (Südhang des westlichen Ausläufers des Hissar-Gebirges) hält sich die Mehrzahl der Vögel im Dickicht von Laubbäumen und Gestrüpp aus Weide, Sanddorn, Ahorn, Berberitze und Geißblatt an Flußufern und an den höheren trockenen Berghängen mit Wacholderbeimischung auf; unter 1700—1800 m wurden dort diese Vögel nicht gesichtet (MEKLENBURCEW 1958).

Bereits ab Ende März können die ersten Rückkehrer im Brutgebiet eintreffen und dort bis September verweilen. Die Spitzenzeit des Rückfluges dürfte jedoch erst im April liegen (s. Kap. Wanderungen). Das Brutgeschäft fällt somit in die Monate Mai bis Juli. In Gilgit wurden schon im Juli Jungvögel gefunden (SCULLY 1881). Für Afghanistan vermerkte PALUDAN (1959), daß mit der Brut in diesem Gebiet wahrscheinlich nicht vor Anfang Juni begonnen wird, da er noch am 11. Juni einen Nistmaterial tragenden Vogel beobachten konnte, während DAVIDSON (1898) in Kashmir bereits im Mai eine große Anzahl von Nestern ausfindig gemacht hatte.

Im Hissar-Gebirge traf IWANOW (1969) ihn nicht vor dem 30. 4., jedoch ist das genaue Ankunftsdatum nicht bekannt. Im Warzob-Tal wurden die ersten Vögel am 4. 5. beobachtet (BOEHME u. SYTOW 1963).

In der zweiten Maihälfte und Anfang Juni, mitunter auch noch später, beginnen die Vögel auf sowjetischem Gebiet mit dem Brutgeschäft (IWANOW 1969). Flugfähige Junge wurden am 27. 6. bei Kwak gefunden, an der Siema am 3. 7. (ABDUSALYAMOV 1973). *Ph. occipitalis* ist Insektenfresser. In Magenanalysen wurden u. a. Wanzen (*Lygus pratensis*), Bienen (*Colletes* spec.) und Ameisenpuppen nachgewiesen (ABDUSALYAMOV 1973).

Das napf- oder kuppelförmige Nest enthält 4—6 reinweiße Eier und kann entweder in Höhlen unter Baumwurzeln, in Steinwällen, Gebäuden, Felsen, Flußufern und sogar am Erdboden unter Steinen oder z. B. in einem verfaulten Stumpf einer großen Fichte gebaut sein (BROOKS 1872, COCK u. MARSHALL 1873, DAVIDSON 1898, WHISTLER 1930, ALI u. RIPLEY 1973). Es besteht aus Moos, kleinen trokkenen Blättern, Fasern, alles durchwoben mit Haaren, Wolle und Fellteilen und ist ziemlich lose konstruiert (BROOKS 1872).

Wanderungen

Phylloscopus occipitalis ist Zugvogel, der als Wintergast in weiten Teilen des indischen Subkontinents hauptsächlich zwischen Oktober und April (bekannt sind jedoch auch Daten von März und August) zu finden ist.

Frühlingszug: Es liegen nur wenige Angaben über das Zuggeschehen vor. In der letzten Märzwoche und in der ersten Hälfte des April wurden ziehende *occipitalis* im Rawal-Pindi-Gebiet von WHISTLER (1930) angegeben. Von März bis Anfang Mai durchzogen mehrere Trupps Duala Dhar, bei Dharmsala am 13. 3. (WHISTLER 1926) und den Jhelum-District am 11. 4. (WHISTLER 1916). — Im Nepal Valley registrierte PROUD (1949) nur sehr wenige Exemplare in der ersten April-Woche bei Rani Bagh.

Der Herbstzug beginnt Mitte August und reicht bis in die erste Hälfte Oktober. In dieser Zeit überfliegen die Schwärme ebenfalls Dharmsala (9. 10. bei Chaki; WHISTLER 1926) und auch wieder den Jhelum-District (18. 8.; WHISTLER 1916). — Der Nachweis eines einzeln ziehenden Exemplares aus Srinagar vom 10. 9. teilte MEINERTZHAGEN (1927) mit.

Außergewöhnlich frühe Beobachtungen von bereits stationierten Überwinterern gibt ALI (1939) bekannt; ihm gelangen Nachweise am 24. 8. in Indore (Bijnar, Choral) und weitere am 7. 9. in Dhar (Gujri). Die Ebenen Nordindiens, ausgenommen Sind und Gujarat, sind ausgeprägte Überwinterungsgebiete dieser Laubsängerart, ebenso Travancore im Westen und Orissa und Bengalen im Osten (BATES u. LOWTHER 1952). Es liegen Beobachtungen aus Gujarat vom 6. 11. bei Bodeli, vom 9. 3. bei Laochali, vom 11. und 17. 3. bei Meshkatri und vom 24. 3. bei Weghai vor (ALI 1955). — Die ersten authentischen Winternachweise für Mysore veröffentlichte ALI (1943): Bandipur 19. 11., Sakleshpur 16. 1., Agumbe 8. 2., Biligirirangan-Berge 28. 12. — Als häufiger Wintervogel wird *occipitalis* für Travanchore und Cochin von ALI u. WHISTLER (1936) belegt; die Funde datieren vom 22. 1. für Santhanpoma, 28. 2. für Kumili, 9. 3. für Deramalai und vom 15. 12. für Padagiri. — Einige Exemplare scheinen die Wintermonate auch innerhalb oder an der Peripherie ihres Brutgebiets zu verbringen, worauf Funde aus Ramnagar (Jammu) vom 31. 10. und 6. 12. hinweisen (NAKAMURA 1976).

XV · 1988

Phylloscopus subaffinis (Ogilvie-Grant)

bearbeitet von

Erika v. Vietinghoff-Scheel

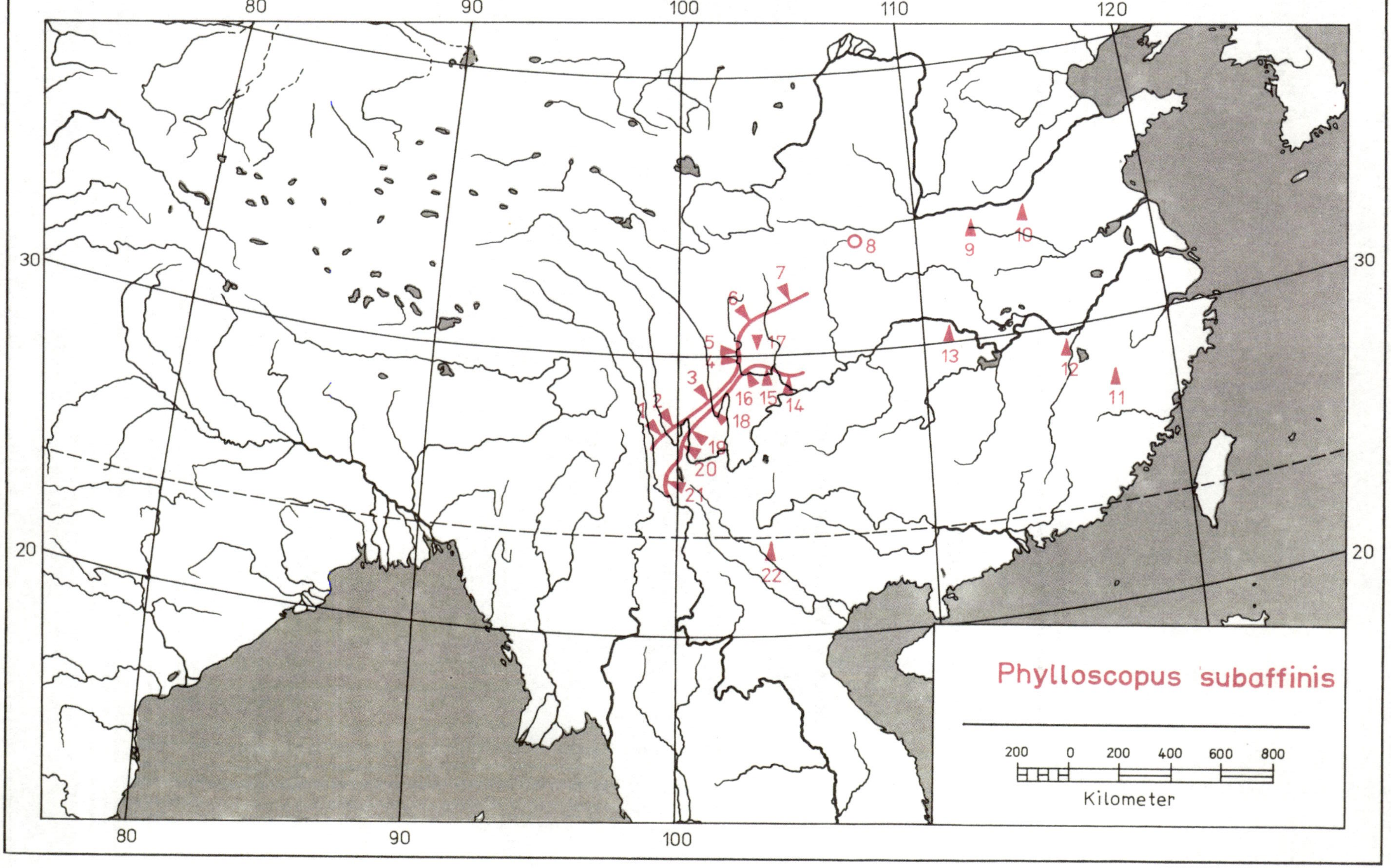
Phylloscopus subaffinis
200 0 200 400 600 800
Kilometer
80
90
100
110
120
30
20
1
2
3
4
5
6
7
8
9
10
11
12
13
14
15
16
17
18
19
20
21
22

FUNDORTLISTE

Nr.	Fundort		Quelle
1.	W Wei-Hsi	Aa	Greenway 1933
2.	Tao-mung-chung	A	Greenway 1933
3.	Mutirong (Muli; IV.)		Riley 1931
4.	Lengchi	A	Schäfer u. Meyer de Schauensee 1939
5.	Tatsienlu	Ac	Schäfer u. Meyer de Schauensee 1939
—	Tung-Fluß	Ac	Schäfer 1938
6.	Paß N Kwan	B	Stresemann 1923
7.	Ho-tsi-gow (s. n. *Oreopneuste davidi* Berez. u. Bianchi)	As	Berezowski u. Bianchi 1900
8.	Tsinling, Ta-Pa-Shan		Cheng et al. 1962
9.	Son-Hsien (IX.)		Fu 1937
10.	Kai-Feng	A	Fu 1937
11.	Kuatun	B	Slater 1897, La Touche 1899
12.	Kiukiang	Aa	Styan 1891
13.	Ichang	A	fide Ticehurst 1938
14.	Ch'uan Chi (N Chungking)	As	Morrison 1948
15.	Omei Shan	A	Shaw 1932
16.	Waschan	B	Stresemann 1923
17.	Gang Yang Goh (W Mouping; 18. IV.)		Traylor 1967
18.	Kulu (IV.)		Bangs 1932
19.	Bayiwa	A	fide Ticehurst 1938
—	Heshwe	A	fide Ticehurst 1938
20.	Lichiang Range	A	Rothschild 1921, Riley 1926
21.	Chutung-Yangpi road (III.)		Ingram 1912
—	Chutung-Shayang road (28. IV.)		Ingram 1912
—	Nechon-Tal (30. IV.)		Ingram 1912
22.	Mengtsze (3. VII.)	A	Bangs u. Phillips 1914
—	Loukouchai (8. XII.)		La Touche 1923
—	Milati (22. XII.)		La Touche 1923

LITERATUR

Bangs 1932	Field Mus. Nat. Hist. Publ. 314, Zool. Ser., 18/11, 363.
Bangs u. Phillips 1914	Bull. Mus. Comp. Zool. Harvard 58/6, 294.
Berezowski u. Bianchi 1900	Ann. Mus. Zool. St.-Petersb. 5, 211—212.
Cheng et al. 1962	Acta Zool. Sinica 14/3, 369.
Deignan 1963	Checklist Birds Thailand. Washington. 172.
Dove u. Goodhart 1955	Ibis 97, 319.
Fu 1937	Étude Ois. Ho-Nan. Langres. 118.
Greenway 1933	Bull. Mus. Comp. Zool. Harvard 74/5, 145.
Ingram 1912	Novit. Zool. 19, 298.
La Touche 1899	Ibis (7) 5, 204.
La Touche 1923	Ibis (11) 5, 401.
Mell 1922	Arch. Naturgesch. 88, Abt. A/10, 59.
Morrison 1948	Ibis 90, 386.
Riley 1926	Proc. Unit. States Nat. Mus. 70, Art. 5, 45.
Riley 1931	Proc. Unit. States Nat. Mus. 80, Art. 7, 63.
Ripley 1950	J. Bombay Nat. Hist. Soc. 49, 400.
Rothschild 1921	Novit. Zool. 28, 45.
Rothschild 1925	Novit. Zool. 32, 304.
Schäfer 1938	J. Orn. 86 (SH), 245.
Schäfer u. Meyer de Schauensee 1939	Proc. Acad. Nat. Sci. Philadelphia. 90, 230.
Shaw 1932	Bull. Fan Mem. Inst. Biol. 3/15, 224.
Slater 1897	Ibis (7) 3, 170—171.
Stanford u. Mayr 1941	Ibis (14) 5, 239.
Stresemann 1923	Abh. Ber. Mus. Tierk. Völkerk. Dresden 16/2, 15.
Styan 1891	Ibis (6) 3, 339.
Ticehurst 1938	Genus Phylloscopus. London. 74—78.
Traylor 1967	Fieldiana: Zool. 53/1, 36.

Phylloscopus subaffinis (Ogilvie-Grant)

Dornbusch-Laubsänger

Verwandtschaft und Gliederung

Zur Verwandtschaft s. Text zur Karte *Phylloscopus affinis* (Tickell). Drei Winterexemplare von Tikapur und Naggerjung in Nepal, deren Brutgebiet noch unbekannt ist, wurden von Ripley (1950) als *Phylloscopus subaffinis arcanus* Ripley beschrieben. Obwohl er im Verbreitungsgebiet von *Ph. affinis* angesiedelt ist, soll *arcamus* jedoch mehr dem wesentlich östlicher verbreiteten *subaffinis* näherstehen. Um endgültige Schlüsse zu ziehen, müssen u. E. noch eingehendere Untersuchungen durchgeführt werden.

Zur Verbreitung

Die Karte läßt deutliche Konzentrationen von Funden in Yünnan und Szechuan erkennen. Da die Art als noch verhältnismäßig unerforscht gelten kann, ist nicht zu entscheiden, ob die nach Osten hin gelegenen verstreuten Fundorte die künftigen Grenzpunkte eines sich verdichtenden und ausbreitenden Areals darstellen könnten.

Oekologie

Die Biologie dieses Laubsängers ist weitestgehend unbekannt. Aus den wenigen vorliegenden Angaben ist zu schließen, daß *subaffinis* zur Brutzeit bevorzugt offene buschbedeckte Landschaften in Höhen von 1500 m bei Kwan und zwischen 1800—2500 m am Waschan bewohnt (STRESEMANN 1923) und recht häufig die mit dornigen Dickungen bewachsenen Trockentalschluchten des Tung-Flusses (SCHÄFER 1938). Einzelheiten über das Brutgeschehen sind uns bisher nicht übermittelt. Die Höhenangaben lassen vermuten, daß *subaffinis* zur Brutzeit vergleichsweise in niedrigeren Höhen als *affinis* anzutreffen sein könnte.

Wanderungen

Ph. subaffinis scheint sowohl Stand- als auch Zugvogel zu sein. Nord-Burma: Panwa 14. 3.; Gamhkawn 2. 3.; bei Hpare am 25. 3. in Bäumen und Sträuchern am Rande offener Landschaften (STANFORD u. MAYR 1941). — Südost-Yünnan: Scheint hier im Winter spärlich zwischen Loukouchou und Mengtsz, von wo allerdings auch ein Sommerfund vorliegt, verbreitet zu sein (LA TOUCHE 1923). — Nordwest-Yünnan: 1 Exemplar vom Dezember im Shweli-Tal (ROTHSCHILD 1925). — Thailand: Für Chiang Mai Zug und Winteraufenthalt festgestellt (DEIGNAN 1963). 1 Exempl. am 18. 2. bei Wan-muhn-dung (MELL 1922); 1 Exempl. am 27. 9. auf der Mong Tseng-Halbinsel/Hongkong (DOVE u. GOODHART 1955).

XV · 1988

Turdus unicolor Tickell

bearbeitet von

Klaus Wunderlich

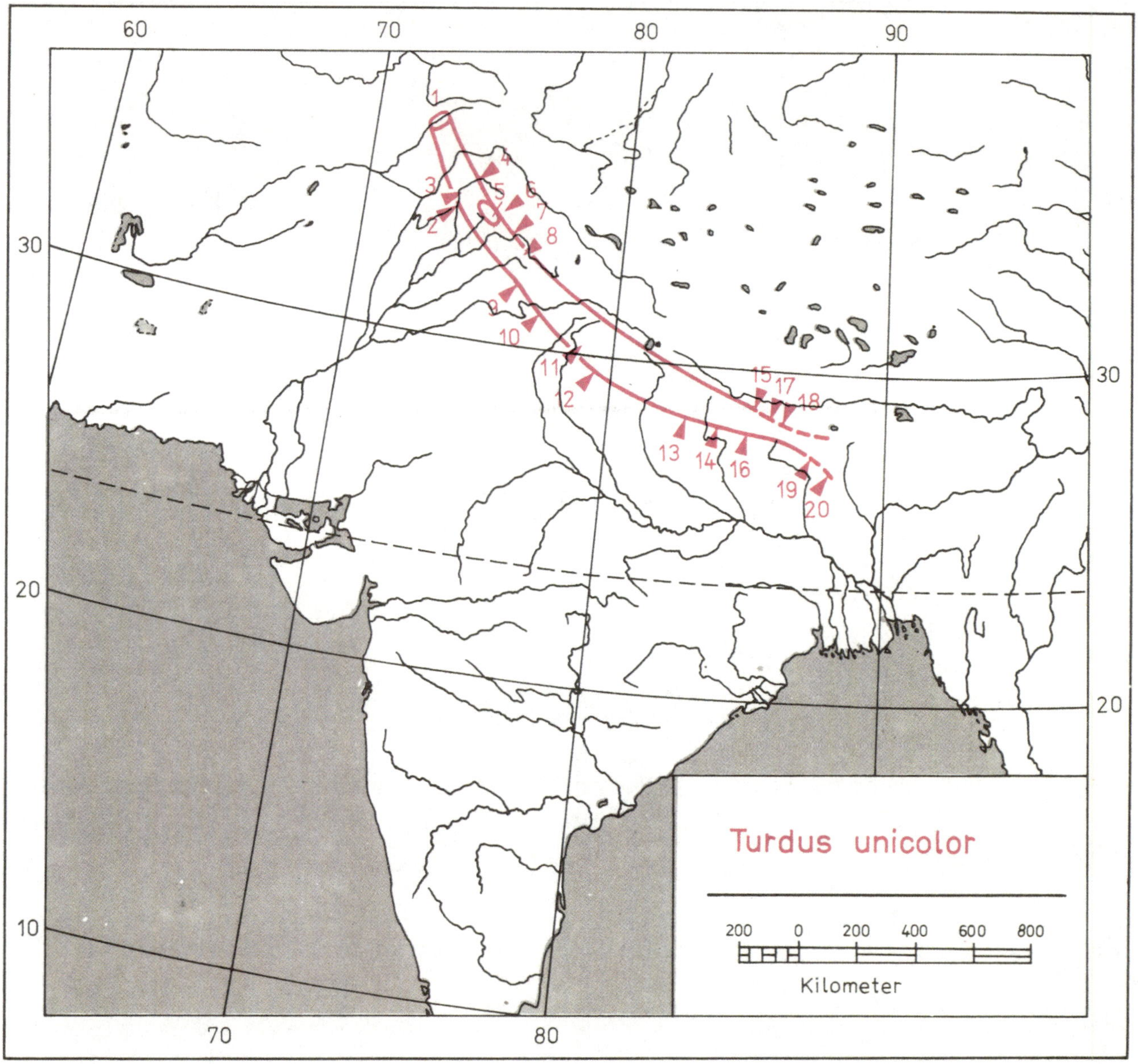

FUNDORTLISTE

1. Chitral	Bc	Whistler u. Kinnear 1932, Vaurie 1959
2. bei Murree	Na	Cock u. Marshall 1873
— „below Murree Cemetery"	BN	Whistler 1930
— um Galis	N	Whistler 1930
3. von Domel aufwärts (Jhelum-Tal)	A	Bates u. Lowther 1952
4. bei Keran	A	Bates 1936
5. Kashmir-Tal	c	Osmaston 1927, Bates u. Lowther 1952
— Srinagar	cJ	Osmaston 1927, Bates u. Lowther 1952
	Bc	Meinertzhagen 1927
— bei Baramula (1. VIII.)		Sharpe 1891
— Chitlang (= Chandragiri Ridge)	A	Biswas 1961

6. nahe Dras (16. IV.)		Meinertzhagen 1927
7. Kishtevar (= Kishtwar)	A	Jerdon 1872
8. bei Chamba	c	Jerdon 1872 fide Stoliczka
9. oberhalb Palimbur (am Fuß d. Duala Dhar-Kette = Dhola Dhar)	NJ	Whistler 1926
10. Simla „to Mussoorie"	a	Tytler 1868
11. bei Mussoori	N	Jerdon 1862
	c	Brooks 1875
12. bei Nynee Tal (= Naini)	B	Brooks 1869
13. Myagdi Khola-Tal (S Dhaulagiri), 2. IV.	A	Coll. Martens
14. Kharé W Pokhara (auf der Naudara Ridge)	AB	Coll. Martens

15. Südabhänge von Sheopuri	N	FLEMING et al. 1979
— Gaucher Forest	B	INSKIPP u. INSKIPP 1985
16. Phulchowk	A	RAND u. FLEMING 1957
— oberhalb von Godavari (= Godaveri)	AJ	PROUD 1949
17. Jiri	AB	DIESSELHORST 1968
18. bei Sete	↓ A	DIESSELHORST 1968
19. unteres Arun-Tal	B	ISHERWOOD 1978
20. bei Darjeeling	↓	BROOKS 1879

Anmerkungen

Zu P. 18:

Die hier am 5. Mai etwa 2200 m über dem Tal des Likhu Khola singende Drossel ist sehr wahrscheinlich ein *unicolor*-♂ gewesen.

Zu P. 20:

Fehlen jeglicher weiteren Angabe gestattet leider kein brutzeitliches Zuordnen.

LITERATUR

ALI u. RIPLEY 1973 — Handb. Birds of India and Pakistan. 9. 108—110.

BATES 1936 — J. Bombay Nat. Hist. Soc. 38, 531.

BATES u. LOWTHER 1952 — Breeding Birds of Kashmir. London. 87—88.

BISWAS 1961 — J. Bombay Nat. Hist. Soc. 58, 674—675.

BROOKS 1869 — Ibis 5, 51.

BROOKS 1875 — Stray Feathers 3, 236.

BROOKS 1879 — Stray Feathers 4, 471.

COCK u. MARSHALL 1873 — Stray Feathers 1, 353.

DIESSELHORST 1968 — Khumbu Himal. Innsbruck-München. 325—326.

FLEMING, FLEMING u. BANGDEL 1979 — Birds of Nepal. Kathmandu. 270.

INSKIPP u. INSKIPP 1985 — Guide Birds Nepal. London-Sydney. 258—259.

ISHERWORD 1978 — Pakhribas Agric. Centre, Techn. Paper 27.

JERDON 1862 — Birds of India. I. Calcutta. 519—520.

JERDON 1872 — Ibis 2 (3), 135.

MEINERTZHAGEN 1927 — Fieldiana: Zool. 41, 161.

OSMASTON 1927 — J. Bombay Nat. Hist. Soc. 31, 985.

PROUD 1949 — J. Bombay Nat. Hist. Soc. 48, 703.

RAND u. FLEMING 1957 — Fieldiana: Zool. 41, 161.

SHARPE 1891 — Second Yarkand Mission. Aves. London. 93.

STEVENS 1925 — J. Bombay Nat. Hist. Soc. 30, 360.

WHISTLER 1926 — Ibis 2 (12), 558.

WHISTLER 1930 — Ibis 6 (12), 91.

WHISTLER u. KINNEAR 1932 — J. Bombay Nat. Hist. Soc. 15, 77—78.

TYTLER 1868 — Ibis 4, 198.

VAURIE 1959 — Birds palearct. Fauna. Passeriformes. London. 394.

Turdus unicolor Tickell

Einfarbdrossel

Zur Verbreitung

Als monotypischer Brutvogel in den höheren westhimalayanischen Bergwäldern von Chitral über Kashmir bis nach Ost-Nepal. Gelegentliches Brüten in Sikkim (siehe P. 20, vgl. auch bei STEVENS 1925) kann man vermuten; eindeutige Nachweise dafür waren nicht zu bekommen. Lokal und regional gewöhnlich, Brutvorkommen in neuerer Zeit dennoch auffallend gering dokumentiert, eher schon im vergangenen Jahrhundert durch leitendes Personal britischer Kolonialbehörden bzw. von Grenzgarnisonen. Insofern muß *T. unicolor*, obwohl beispielsweise in Kashmir häufig und vielerorts „normaler" Vogel in den Gärten wie *T. merula* in Mitteleuropa, noch heute als Art gelten, über deren Verbreitung relativ wenig bekannt ist. Dies erklärt die niedrige Zahl Fundorte auf unserer Karte.

Obwohl FLEMING et al. (1979) den Vogel für Nepal als ziemlich gewöhnlich charakterisieren, wird Vorkommen nach Osten zu als spärlicher werdend angegeben. DIESSELHORST registrierte ihn von Kathmandu an ostwärts im Bereich der Hauptkette, gewahrte ihn sicher während der Brutzeit im mittleren Nepal aber nur einmal.

Vertikal tritt *T. unicolor* brütend in Chitral zwischen 1860 und 2760 m, in Kashmir zwischen 1500 und 1800 (mitunter 2200 m), zwischen Kangra und Simla von 1200 bis 2100 m, in Nepal und (!) Sikkim von 1500 bis 2100 m auf. Optimalhöhe allenthalben 1500 bis 1800 m (vgl. bei DIESSELHORST 1968, ALI u. RIPLEY 1973, FLEMING et al. 1979).

Oekologie

„Ruheloser Vogel . . . scheu und schwierig anzupürschen" (BROOKS 1869), der im Sommer offenen Laubwald mit grasigem Grund und niedrigem Unterwuchs, Weidengebüsch, Obst- und andere Gärten bevorzugt. OSMASTON (1927) hingegen bezeichnet ihn als ziemlich zahm und zutraulich. Sie „. . . suchen früh und spät auf Rasenflächen nach Nahrung und fressen im Herbst hauptsächlich Falläpfel" (l. c.). BATES und LOWTHER (1952) nennen ihn für das Kashmir-Tal gemein, nicht allein in Gärten und Hainen der Dörfer und Städte, wo „a familiar" und kaum scheu, sondern in jedem bewaldeten Gebiet zu finden. Bei Keran in stark gemischtem Wald zwischen 1500 und 1800 m Höhe angetroffen worden, auf der gegenüberliegenden Talseite in offenem Gebüsch.

DIESSELHORST (1968) registrierte die Art in Nepal stets in lichtem Montanwald mit Laubbäumen und nicht zu dicht stehendem Unterholz. „In Gärten oder gartenähnlichem Gelände, wie das BATES und LOWTHER (1952) aus Kashmir berichten, habe ich den Vogel in Nepal nie gesehen . . . Auf jeden Fall scheinen die Brutpopulationen der Drossel in den von uns durchwanderten Teilen des himalayanischen Mittellandes außerordentlich dünn zu sein“ (l. c.).

Erstbeobachtungen in Brutgebieten Ende März und im April (Datum für Srinagar 24. März, noch selten am 27. März — MEINERTZHAGEN 1927). Saison: April bis August (ALI u. RIPLEY 1973), BATES und LOWTHER (1952) geben Mai und Juni an, melden für Kashmir frische Gelege mitunter noch für die erste Juli-Woche. WHISTLER (1930) fand ein Nest mit 4 frischen Eiern „below Murree Cemetery“ am 28. Mai, WHISTLER (1926) solches mit 3 befiederten juv. am 23. Mai auf ca. 1200 m oberhalb von Palimbur. PROUD (1949) sah im Nepal-Tal noch am 28. August, daß flügge juv. von den Eltern gefüttert wurden.

Gewöhnlich 3 oder 4 Eier (zu Färbung u. Maßen vgl. bei ALI u. RIPLEY 1973, Bd. 9, 109).

Das Nest wird als ziemlich kompaktes Gebilde aus Moos, Wurzeln und trockenem Gras beschrieben. Der tiefe Napf ist mit Würzelchen und feinerem Gras gefüttert. In der Regel mehr oder minder gut verborgen in Astgabeln von Maulbeerbäumen, Weiden (auch auf den Köpfen geschneitelter), Pappeln, zwischen 2 und 7 m hoch, angelegt, nur zuweilen niedriger in dichteren Büschen, auch Mauernischen bzw. -höhlen.

Die Nahrungssuche auf dem Boden geschieht auf typische Drosselweise (vgl. bei ALI u. RIPLEY 1973, p. 109) und gilt Regenwürmern, Insekten, vom Wind herabgeworfenen Beeren und Früchten (so Äpfeln u. Pflaumen). Ein nepalischer Mai-Vogel hatte nur Früchte aufgenommen. In 6 Mägen von Nepal-Stücken aus dem Oktober waren nur einmal neben Beeren auch Insekten (DIESSELHORST 1968).

Wanderungen

Zug- und Strichvogel, der in der Nordhälfte Indiens und Pakistans überwintert, „südwärts bis zu einer Linie von Khandala bis Nizagapatan“ (BATES u. LOWTHER 1952). Kashmir wird nicht viel später als im September verlassen (MEINERTZHAGEN 1927). WHISTLER (1926) notierte im Kangra-Distrikt frühesten Wegzug am 10. September, spätesten am 24. Oktober.

ALI und RIPLEY (1973, vgl. auch Karte p. 107) resümieren: Winters östlich und südöstlich der hauptsächlichen Brutgebiete von Kangra (gelegentlich), längs der Vorberge nach Arunchal Pradesh (Subansiri) und Ost-Madhya Pradesh (Bastar, Raipur), Orissa (Mayurbhanj, Nilgiri), NE-Andhra (Anantagiri), südliches Bengalen und Bangladesh in der Chittagong-Region (Rashid). Regelmäßiger Wintergast in Nord-Belutschistan (Quetta, Fort Sandeman, Loralai).

Auf dem Heimzug wenig auffallend.

XV · 1988

Turdus albocinctus Royle

bearbeitet von

KLAUS WUNDERLICH

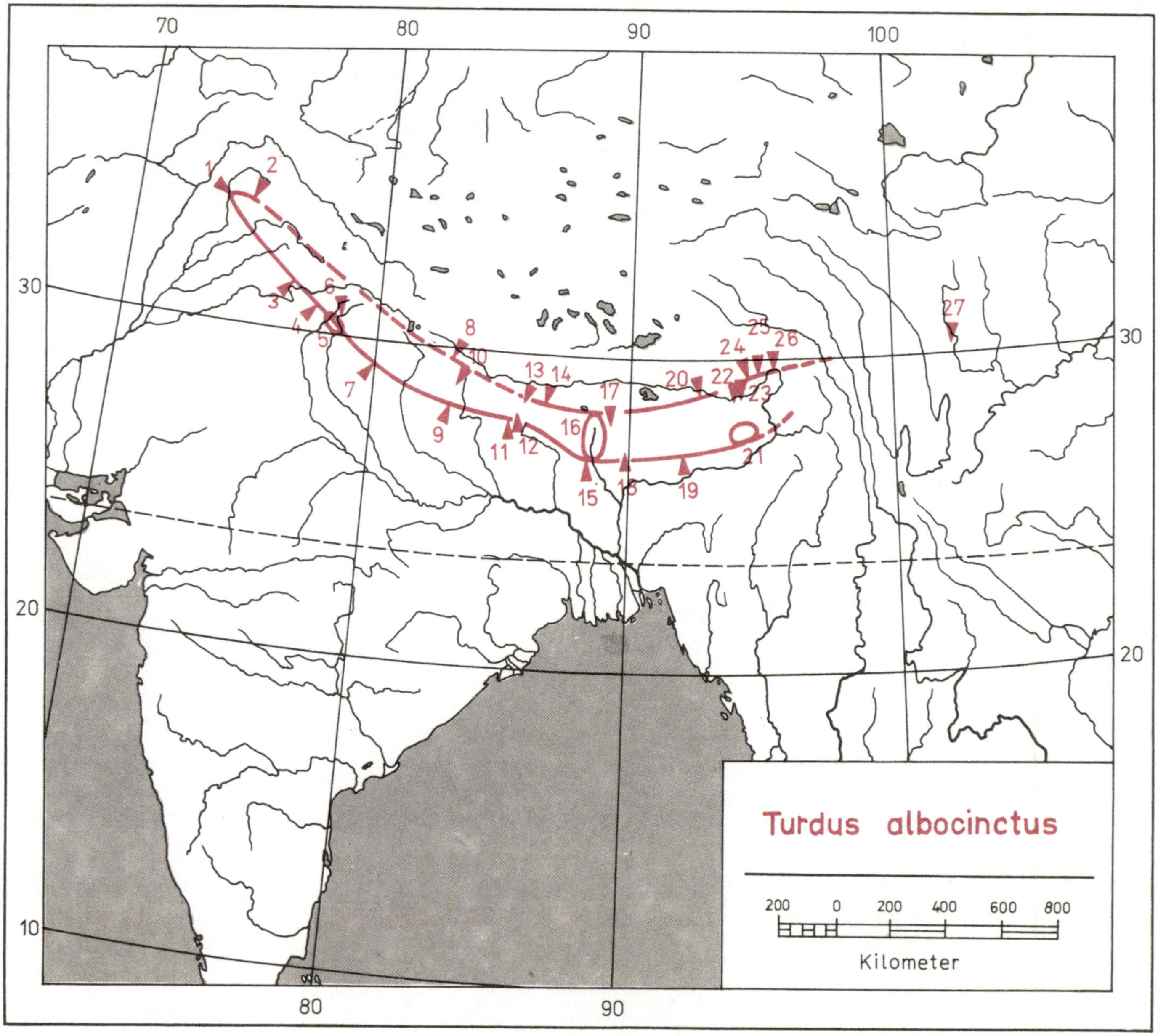

FUNDORTLISTE

1.	Duala Dhar	Bs	Whistler 1926, Ali u. Ripley 1973
—	Chamba	A	Ali u. Ripley 1973
—	beim Kareri-See	N	Whistler 1926
2.	um Murree	N	Ali u. Ripley 1973
3.	bei Kangra	A	Ali 1962
—	Gosainkund	A	Inskipp u. Inskipp 1985
4.	E Simla	B	Hartert 1910
5.	Garhwal	B	Ali u. Ripley 1973
—	Mandakini	C	Lavkumar 1956
—	bei Vanyakund (Tungnath Mountain)	B	Lavkumar 1956
6.	Dehra Dun	B	Ludlow u. Kinnear 1937
7.	Naini Tal	B	Hudson 1930
8.	Mugu	A	Inskipp u. Inskipp 1985
9.	Dhorpatan Valley	B	Inskipp u. Inskipp 1985
—	bei Dhorpatan	↓ A	Martens in litt.
10.	Gompa/Tarakot	A	Martens in litt.
11.	Chitlang (Chitlang Valley), 15. III.		Biswas 1961
12.	Thankot (Kathmandu Valley), 22. III.		Biswas 1961
—	Sheopuri	A	Fleming et al. 1979
—	auf dem Phulchowki Danda	As	Biswas 1961, Fleming et al. 1979
13.	Ting Sang La	AN	Diesselhorst 1968
—	Bigu	AN	Diesselhorst 1968
—	am Cordung bei Jiri	↓ N	Martens in litt.
14.	Khumbu	A	Inskipp u. Inskipp 1985
15.	Vah-Tukvar (Darjeeling)	B	Lister 1954
16.	Sikkim	B	Ali u. Ripley 1973
—	Chola Range	A	Ali 1962
—	Thangu	A	Coll. Zool. Mus. Berlin, Ali 1962

Fundort		Quelle
— Carponang (9. III.)		Coll. Zool. Mus. Berlin
— Yumthang	A	Ali 1962
— Changu	A	Coll. Zool. Mus. Berlin, Ludlow u. Kinnear 1937
— Lachen	A	Coll. Zool. Mus. Berlin
17. Oberes Chumbi-Tal	A	Vaurie 1972
18. Ha	A	Ludlow u. Kinnear 1937
19. Sakden	A	Ludlow u. Kinnear 1937
20. zw. Yarap (Tsari) u. Migyitün	A	Ludlow 1944
21. Dafla Hills	A	Ali 1962
— Dejov (North Lakhimpur), 15. III.		Stevens 1914
22. Kyimdong Dzong (9. X.)	J	Ludlow 1944
23. Gacha (14. III.)		Bailey 1915
24. Deyang (nahe Sang), 28. VII.		Ludlow 1944
25. auf dem Sang La	A	Ludlow 1944
26. bei Gyala	A	Ludlow 1944
27. bei Tatsienlu	B	Meyer de Schauensee 1984

Anmerkungen

Zu (Beipunkt) 9:

Dieser Vogel, auf 3000 m Höhe am 11. April gesammelt, zeigte beginnende Gonaden-Entwicklung.

Zu (Beipunkt) 13 (Cardung):

Hier konnte Nestbau bereits am 30. März bei 2900 m registriert werden.

LITERATUR

Ali 1962 — Birds Sikkim. London. 268—269.

Ali u. Ripley 1973 — Handb. Birds of India and Pakistan. 9. Bombay-London-New York. 110—112.

Bailey 1915 — J. Bombay Nat. Hist. Soc. 24, 75.

Biswas 1961 — J. Bombay Nat. Hist. Soc. 58, 675.

Cheng 1976 — Distrib. List Chin. Birds. Peking. 591.

Diesselhorst 1968 — Khumbu Himal. Innsbruck-München. 326—328.

Fleming, Fleming u. Bangdel 1979 — Birds of Nepal. Kathmandu. 268.

Hartert 1910 — Vögel paläarkt. Fauna. I. Berlin. 663.

Hudson 1930 — J. Bombay Nat. Hist. Soc. 34, 823.

Inskipp u. Inskipp 1985 — Guide Birds Nepal. London-Sydney. 259.

Lavkumar 1956 — J. Bombay Nat. Hist. Soc. 53, 322.

Lister 1954 — J. Bombay Nat. Hist. Soc. 52, 39.

Ludlow 1944 — Ibis 86, 189.

Ludlow 1951 — Ibis 93, 560.

Ludlow u. Kinnear 1937 — Ibis 1 (14), 275.

Meyer de Schauensee 1984 — Birds of China. 364.

Smythies 1953 — Birds of Burma. Edinburgh-London. 125, 580.

Stanford 1937 — J. Bombay Nat. Hist. Soc. 39, 395—396.

Stevens 1914 — J. Bombay Nat. Hist. Soc. 23, 261.

Vaurie 1972 — Tibet and its Birds. London. 295.

Whistler 1926 — Ibis 2 (12), 557.

Turdus albocinctus Royle

Weißhalsdrossel

Zur Verbreitung

Wohl monotypisch. Nach Hartert (1910) mit *T. kessleri* am nächsten verwandt.

Der Vogel ist von Kashmir im Westen ostwärts über Nepal, Sikkim, Bhutan und Assam bis in benachbarte Teile SE-Tibets und SW-Szetschuans verbreitet. Die Ostperipherie des Areals ist auffallend gering belegt; weiteres Eruieren im Felde bleibt hier dringend erwünscht. Es ist denkbar, daß das Vorkommen östlich der Brahmaputra-Kehre inselartig zerstreut ist. So empfahl sich Koordinieren mit dem westwärtigen Areal per durchgehende Grenzziehung nicht.

Ali und Ripley (1973) charakterisieren die Art als meist gewöhnlich. Sie brüte im Duala Dhar zwischen 2700 und 3300 m, bei Simla und in Garhwal von 2100—3200, in Nepal zwischen 2400 und 3600 m, bis 4000 m in Sikkim, lokal bis 4200 m in Bhutan und Arunachal Pradesh. Ludlow (1944) sah sie in SE-Tibet nördlich und südlich der Hauptkette und ziemlich regelmäßig im Tsangpo-Tal. „Hat weite Höhenverbreitung während der Brutzeit, und ich notierte sie um 9000 ft. bei Gyala und aufwärts bis 14000 ft. auf dem Sang La, wo sie mitten in derselben Umgebung lebt wie *T. merula buddhae*“ (l. c.). Aus Yünnan liegen bislang keine Nachweise vor (Smythies 1953).

Spezialkarte für China in Cheng (1976).

Oekologie

T. albocinctus ist während der Brutzeit ein relativ scheuer und vorsichtiger Waldbewohner, der Eichen-, Roßkastanien-, Rhododendren-Wald bevorzugt, in offenem Nadel- oder gemischtem Laub- und Nadelwald lebt, besonders auf Lichtungen und in Randlagen mit reichem Unterwuchs. In SE-Tibet werden auch Zwergrhododendren nahe der Baumgrenze besiedelt. Martens (1986 in litt.) stellte in Zentralnepal lokales Vorkommen in regenarmen Gebieten auf der Nordseite der Hauptkette fest (Gompa/Tarakot, Juni 1970 u. 1973). Diesselhorst (1968) fand die Art als Brutvogel in Ostnepal relativ weit verbreitet in der Montanwaldzone des himalayanischen Mittellandes um 3000 m. „In den tiefer gelegenen Talwäldern brütet sie anscheinend nicht mehr und ebenso wenig in den höchsten Montanwäldern der subalpinen *Abies webbiana-Betula utilis*-Stufe an der Baumgrenze im Khumbu ... In den von uns bereisten Tälern der nepalischen Montanwaldzone des oberen Eichen-Rhododendronwaldes trafen wir die Art in der Brutzeit regelmäßiger und häufiger als *T. boulboul*" (l. c.). Habitat dem gleichen Autor zufolge: Feuchte Waldränder, Lichtungen mit hochstämmigen Bäumen und lockerem Unterholz, vorzugsweise gemischte Bestände von Nadelholz (allerdings nicht mit Kiefern), Laubhölzern und Rhododendren. Lebensweise hier ähnlich wie die von *T. torquatus* in den europäischen Alpen. „Die Singwarten der ♂♂ liegen auf den Spitzen hoher Bäume. Zur Brutzeit sind die Vögel zweifellos territorial. Dafür spricht neben der weiten Dispersion der Population auch das Vorhandensein eines charakteristischen, hallenden Gesanges von ausgeprägt turdiner Form" (l. c.).

DIESSELHORST hebt hervor, daß die Populationsdichte im Hauptverbreitungsareal der der Misteldrossel (*T. viscivorus*) in den Nadelwäldern Mitteleuropas entspreche. Die Paare lebten meist relativ weit voneinander entfernt. „So hörte man zum Beispiel an einem Maiabend in der Hauptgesangszeit von einem Punkt im Ting Sang La Gebiet nur einen, höchstens zwei oder drei Sänger gleichzeitig. Es gibt da keinen, vom Drosselgesang widerhallenden Wald wie in gut besetzten Amsel-Singdrosselgebieten Europas" (l. c.).

Brutzeit: Anfang Mai bis in den Juli. Das Nest ist gewöhnlich ein typischer kompakter Napf aus Moos mit etwas eingebautem Gras, mit Würzelchen und Halmen; mit trockenem Gras oder Würzelchen ausgekleidet, plaziert auf starken Zweigen oder in Astgabeln, mitunter hoch in vom Schnee zerbrochenen Kronen, aber auch am Boden, so an bemoosten Stümpfen nicht selten mit dem umgebenden Substrat perfekt verarbeitet, dann sehr gut getarnt.

Im Khumbu-Himal zwischen Anfang Mai und Anfang Juni gesammelte adulte Stücke hatten sämtlich brutaktive Gonaden. Ein ♀ vom 16. Mai hatte vor kurzem abgelegt. Am 8. Mai Nestfund auf 3200 m Höhe (frische Eier). Weiteres Nest bei Thodung (3000 m) am 30. Mai mit stark bebrüteten Eiern. LUDLOW und KINNEAR (1937) registrierten in Bhutan zahlreiche Nester im Mai und Juni. Dreier-Gelege waren normal. WHISTLER (1926) erwähnt ein Nest mit 3 schwach bebrüteten Eiern vom 8. Mai beim Kareri-See. Vollgelege enthalten 3—4 Eier, die (Khumbu-Himal-Material) grobfleckigen *T. torquatus*-Eiern gleichen. Zu Färbung und Maßen vgl. HARTERT (1910), auch bei ALI und RIPLEY (1973).

Nahrungssuche sowohl in Bäumen als auch auf Waldboden. In der kalten Jahreszeit auch in Nähe von Ortschaften und auf Rasen in Gärten. Vegetabilien scheinen winters zu überwiegen; ansonsten werden vornehmlich Insekten, aber auch Früchte und Beeren aufgenommen (erwiesenermaßen Holzäpfel, Hagebutten, Stechpalmen- und Zwergmispelbeeren).

Wanderungen

Stand- und Strichvogel, der Unbilden winterlicher Witterung in tiefere Lagen ausweicht. Dann im westlichen Himalaya zwischen etwa 2400 und 1500 m, in Nepal und Sikkim noch bis 3000 m, herab selbst bis an den Fuß der Vorberge, kaum jedoch unter 900 m.

Außerhalb der Brutzeit mitunter in Flügen wechselnder Größe, manchmal vergesellschaftet mit anderen Drosseln wie *T. ruficollis*, *T. atrogularis*, *T. boulboul*, *T. castaneus*, *Zoothera monticola*. LUDLOW (1951) nennt sie für das winterliche Pome eine der gewöhnlichsten. „Im Februar ... erschien sie zu Tausenden, überall auf dem Wege von Tangme, nach Shewa, dabei ‚crab apples, hawthorn and cotoneaster berries' fressend, die in dieser Gegend so reichlich anfallen" (l. c.). STANFORD (1937) schoß einen Februar-Vogel im nordburmesischen Hukawng-Tal (Myitkina-Distr.) in prächtigem immergrünem Bergwald mit üppigem Unterwuchs aus Farnen. Das Tier hatte sich futtersuchenden *T. dissimilis*, *Zoothera dauma* und *Z. mollissima* angeschlossen.

XV · 1988

Zoothera wardii (Blyth)

bearbeitet von

Klaus Wunderlich

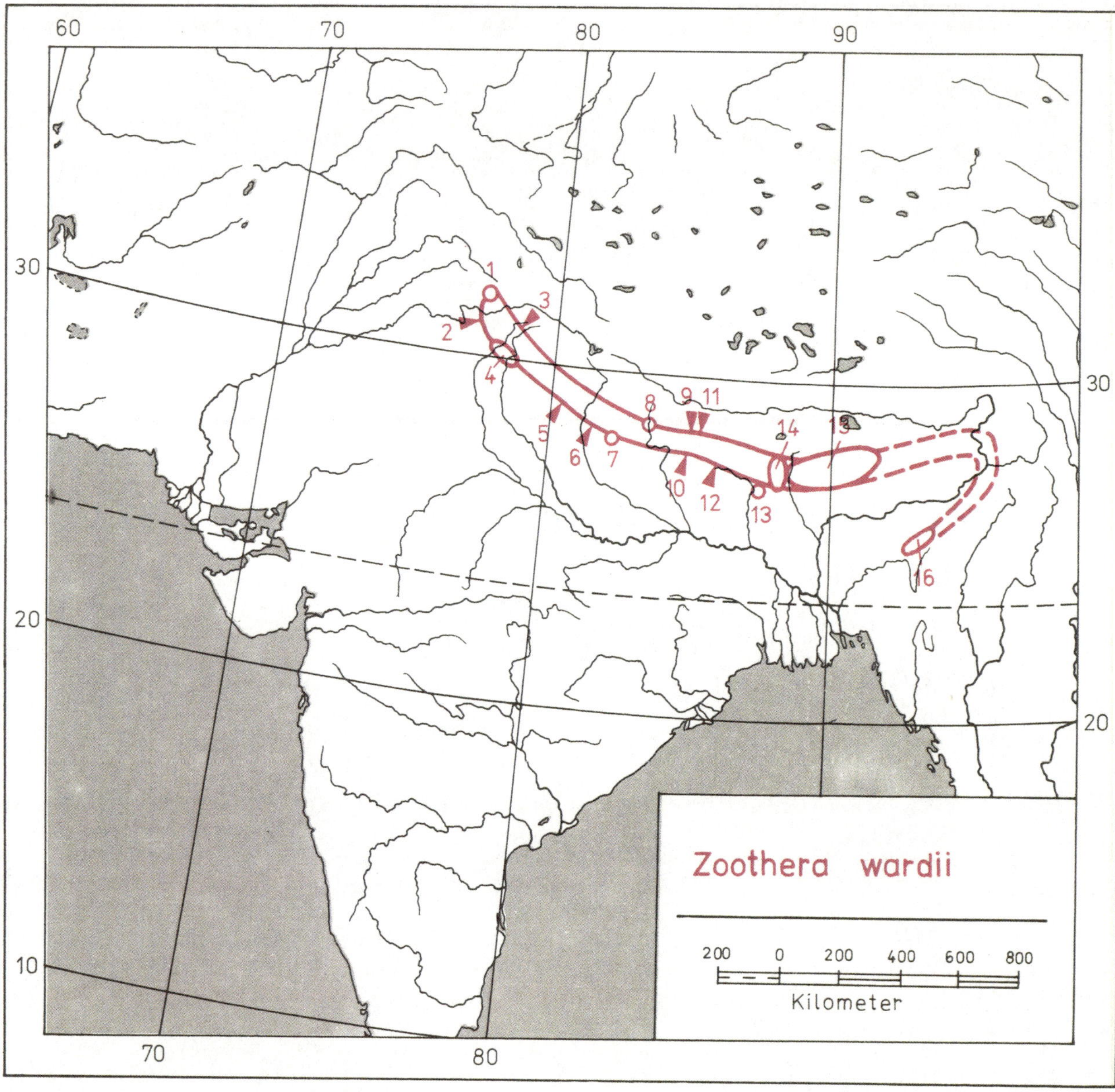

FUNDORTLISTE

Nr.	Fundort		Quelle
1.	Kulu Valley	B	Ali u. Ripley 1973, Inskipp u. Inskipp 1985
2.	Simla	B	Ali u. Ripley 1973
3.	bei Mussoori	Ac	Brooks 1875, Ali u. Ripley 1973
4.	Garwhal	Bs	Ali u. Ripley 1973
5.	Dandeldhura	B	Fleming u. Traylor 1968
6.	zw. Surkhet u. Dailekh	A	Inskipp u. Inskipp 1985
7.	Raum Dhorpatan	A	Inskipp u. Inskipp 1985
8.	Raum Pokhara	A	Inskipp u. Inskipp 1985
9.	nahe Shabru	B	Inskipp u. Inskipp 1985
10.	Chitlang (25. IV.)		Biswas 1961
11.	zw. Ramche u. Dhunche	A	Inskipp u. Inskipp 1985
—	bei Dhunche	A	Martens in litt.
12.	nahe Bokejunda	B	Inskipp u. Inskipp 1985
13.	N Dhankuta	A	Inskipp u. Inskipp 1985
14.	Sikkim	B	Stevens 1925, Ali u. Ripley 1973
15.	Bhutan	B	Mayr u. Paynter Jr. 1964
16.	Barail Range (North Cachar)	As	Baker 1894

LITERATUR

ALI u. RIPLEY 1973 Birds of India and Pakistan. Bombay-London-New York. 9. 83—85.
BAKER 1894 J. Bombay Nat. Hist. Soc. 9, 138.
BISWAS 1961 J. Bombay Nat. Hist. Soc. 58, 671.
BROOKS 1875 Stray Feathers 3, 237.
FLEMING, FLEMING u. BANGDEL 1979 Birds of Nepal. Kathmandu. 264.
FLEMING u. TRAYLOR 1968 Fieldiana: Zool. 53, 182.
HENRY 1981 Birds of Ceylon. London-New York-Melbourne. 30—31.
INSKIPP u. INSKIPP 1985 Guide Birds Nepal London-Sydney. 258.
JACKSON 1972 J. Bombay Nat. Hist. Soc. 69, 652.
MAYR u. PAYNTER Jr. 1964 Check-List Birds of the World. Bd. 10. Cambridge. 146.
STEVENS 1925 J. Bombay Nat. Hist. Soc. 30, 360.

Zoothera wardii (Blyth)

Zur Verbreitung

Monotypisch. Wohl ungewöhnlicher Himalaya-Bewohner, dessen Areal sich in begrenzter Höhenlage von Kulu im Westen bis zum Barail Range (Nord-Cachar) im Osten erstreckt. Bis etwa Sikkim gut belegt, wird das Vorkommen weiter östlich (Bhutan, Arunachal Pradesh) relativ vage und bedarf aktueller Bestätigung. Unsere provisorische Grenzziehung zwischen P. 15 und P. 16 folgt der von ALI und RIPLEY (1973), p. 84. Sommervogel zwischen 1525 und 3050 m (FLEMING, FLEMING u. BANGDEL 1979), brütend hauptsächlich von 1500—2400 m angetroffen, in Cachar bis 1200 m herab (ALI u. RIPLEY 1973, INSKIPP u. INSKIPP 1985). Nach STEVENS (1925) lebt die Art im sommerlichen Sikkim bis in 7000 ft. Höhe.

Oekologie

FLEMING, FLEMING und BANGDEL (1979) charakterisieren den Vogel als heimlich, wenn auch die ♂♂ im Frühling kurze Zeit bei Tagesanbruch auf Baumspitzen singen. MARTENS (in litt.) sah die Art im Schluchtwald des Trisuli-Tals (P. 11) auf 1900 und 2200 m am 22. und 23. April nach Gewitterregen singend. Ansonsten ist über Habitat und Brutgeschehen nur wenig bekannt. Im Sommer werden bewaldete Schluchten und Geländeeinschnitte bevorzugt, Waldränder, kleine Gehölze und Dschungel in offener Landschaft, selbst Gärten. Die Brutzeit währt von Mai bis Juli. Das Nest ist ein kompakter tiefer Napf aus Moos, Gras und dünnem Zweigwerk, in kleinen Bäumen 1—5 m hoch in Gabeln oder auf horizontalem Geäst in Stammnähe plaziert. Vollgelege bestehen aus 3 oder 4 Eiern. Nestbau, Brüten und Aufziehen der Jungen besorgen beide Altvögel.

Nahrung (Insekten und Beeren) wird am Boden, in totem Holz, auf beerentragenden Gehölzen erworben.

Wanderungen

Zugvogel, der September/Oktober den Himalaya verläßt und im Oktober/November das Winterquartier Sri Lanka erreicht. Aufbruch dort zum Heimzug im März, Erstbeobachtungen im Brutgebiet im April.

Nach HENRY (1981) wird winterlicher Aufenthalt in den „hills“ zwischen 2500 und 5000 ft. genommen.

Auch hier hauptsächlich Waldvogel — in baumbestandenen Gärten und Dschungelschluchten nicht selten; allerdings weichen die jährlichen Anwesenheitszahlen mitunter sehr voneinander ab.

Wegzug und Heimzug geschehen offensichtlich auf unterschiedlichen Routen. JACKSON (1972) sah am 15. März einen kleinen Flug in 1676 m Höhe etwa 20 miles vor Munnar, Kerala.

XV · 1988

Erithacus komadori (Temminck)

bearbeitet von

Erika v. Vietinghoff-Scheel

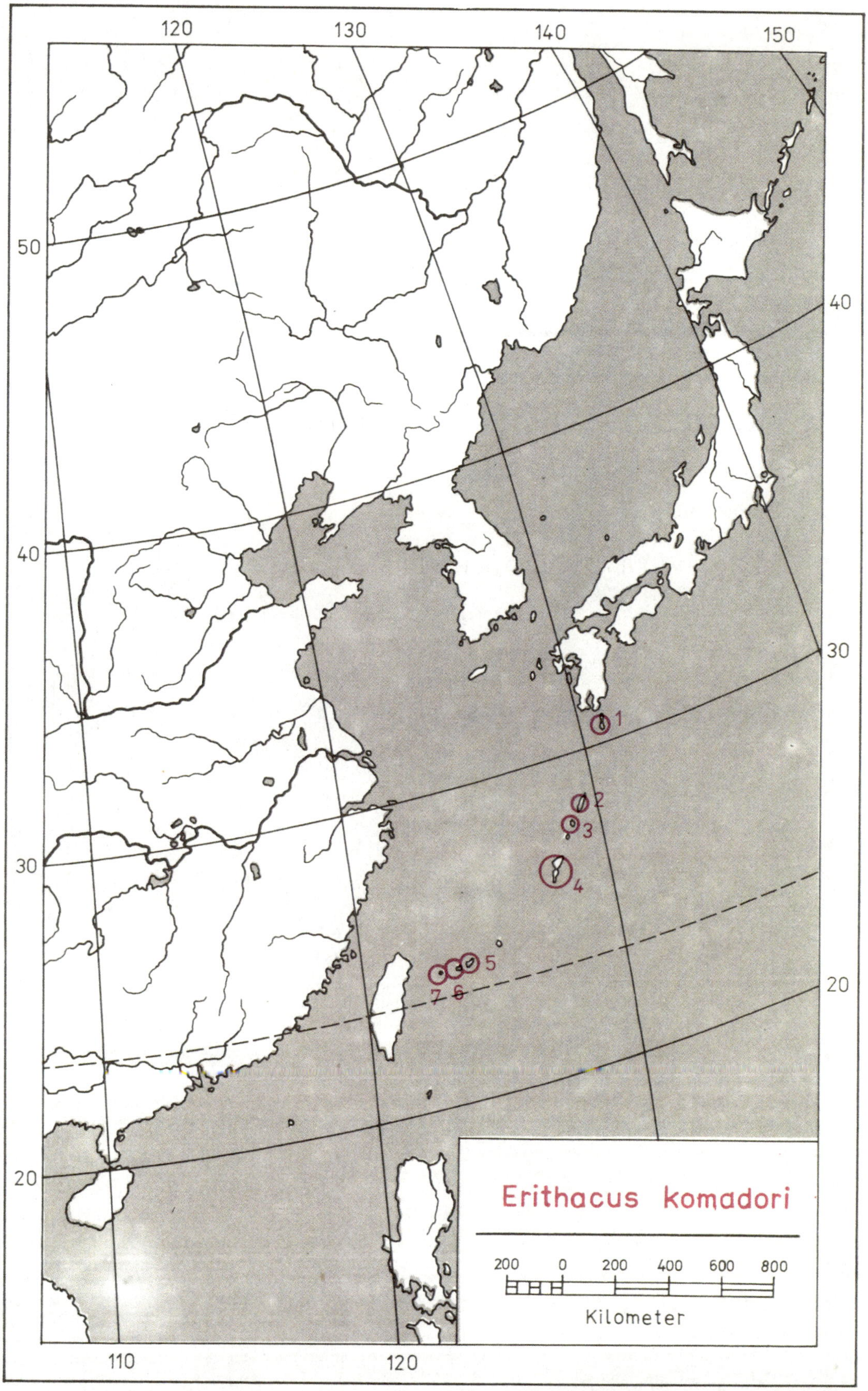
120
130
140
150
50
40
30
20
40
30
20
110
120
1
2
3
4
5
6
7
Erithacus komadori
200 0 200 400 600 800
Kilometer

FUNDORTLISTE

1. Tanegashima	Ac	SEEBOHM 1887
2. Amami-Oshima	Ac	SEEBOHM 1887; Coll. Zool. Mus. Berlin
3. Tokunoshima	Ac	SEEBOHM 1887
4. Okinawa: Nagogatake		STEJNEGER 1887; Coll. Zool. Mus. Berlin
5. Ishigaki	A	KURODA 1923
6. Iriomote	A	KURODA 1923
7. Yonaguni	A	KURODA 1923

LITERATUR

JAHN 1942 — J. Orn. 90, 187—189.
KURODA 1923 — Bull. Brit. Orn. Cl. 43, 106.
SEEBOHM 1887 — Ibis (5) 5, 175.
STEJNEGER 1887 — Proc. Unit. States Nat. Mus. 9, 644—646.
VAURIE 1955 — Amer. Mus. Novit. 1731/14, 6.

Erithacus komadori (Temminck)

Ryu Kyu-Erdsänger

Verwandtschaft und Gliederung

Erithacus komadori ist nächst verwandt mit *Erithacus akahige* (Temminck). S. dazu Ausarbeitung Lief. 6. — Von der die nördlichen Inseln der Ryu Kyu-Gruppe bewohnenden Nominatform läßt sich sicher *Erithacus k. namiyei* (Stejneger) unterscheiden, die unter- und längsseits dunkler und brauner gefärbt ist, während der Status von *E. k. subrufus* (Kuroda) noch nicht völlig geklärt ist. Trotz intensiven Quellenstudiums sind uns bisher nur drei Exemplare vom 13. 10. bekannt, die leichte Farbabweichungen aufweisen sollen, und KURODA (fide VAURIE 1955) vermutet, daß diese *subrufus* „seem to be inseparable from the northern typical (nominate *komadori*) bird". Diese Meinung wird auch noch in der Check-List of Japanese Birds 1975 aufrecht erhalten.

Verbreitung

Als Brutvogel endemisch für die Ryu Kyu-Inselgruppe. *E. k. komadori*: Auf den nördlichen Ryu Kyu-Inseln Tanegashima, Amami-Oshima, Tokunoshima. *E. k. namiyei*: Auf der zentral gelegenen Ryu Kyu-Insel Okinawa. *E. k. subrufus*: Gefunden auf den nördlichen Inseln Ishigaki, Iriomote und Yonaguni.

Oekologie

Die heimliche Lebensweise des Ryu Kyu-Erdsängers mag der Grund dafür sein, daß es, soweit uns bekannt, nur JAHN (1942) gelang, diesen Vogel in seinem Milieu aufzuspüren und ihn eingehend zu beobachten. Um den Wert dieser anschaulichen Aufzeichnungen nicht zu schmälern, seien sie hier im Original widergegeben:

„Es ist außerordentlich schwer, den versteckt lebenden, prächtigen Erdsänger im Pflanzendickicht seiner Brutheimat zu Gesicht zu bekommen. Er bewohnt wie *Lalocitta lidtki* auf Amami-Oshima den inneren waldbedeckten Teil der gebirgigen Insel. Wo im feuchten Waldschatten dichte Untervegetation von Bambuseen, Baumfarnen und Sträuchern den Boden bedeckt, wird man den Vogel antreffen. Der Baumfarn ist geradezu eine Leitpflanze für das Vorkommen des Vogels; wo solche wachsen, lebt auch *Luscinia* (= *Erithacus*) *komadori*. Für den Oberlauf der zahllosen kleinen, steinigen Bäche, etwa 100—200 m über dem Talboden und höher hinaufziehend, zeigt er eine besondere Vorliebe. Zur Zeit meiner Anwesenheit auf Amami-Oshima, Ende März, lebten die Paare in festen Bezirken, in denen man sie, sofern man Geduld hatte, stets wiederfinden, d. h. hören konnte. Während oft stundenlangen Wartens hört man nur von Zeit zu Zeit den Lockton der Art, ein sehr durchdringendes „siih" und sieht gelegentlich schattenhaft einen Vogel durch das Dickicht huschen, bis plötzlich das überraschend farbenprächtige Männchen für einige Augenblicke ins Freie auf die Steine im Bachgrund fliegt. Dort hüpft der kräftige Vogel nicht allzu eilig umher, wobei er beständig energisch mit Schwanz und Flügeln zuckt.

Luscinia (= *Erithacus*) *komadori* ist, wie alle Singvögel des subtropischen Teiles des Forschungsgebietes, kein besonders eifriger Sänger, und wird nur in den frühen Morgenstunden etwas lebhafter. In minutenlangen, oft halbstündigen Abständen ertönt, meist eingeleitet durch wiederholtes, anschwellendes „siih-siih", die kurze, sehr laute Schlagstrophe. Der Gesangstyp ist der gleiche wie bei *Luscinia* (= *Erithacus*) *akahige*, die auch eine ähnliche Singweise hat. Im Gegensatz zu *akahige* jedoch, deren Gesang kaum Variationen kennt, wechseln bei *komadori* stets neue Strophen des tiefen, klangvollen, äußerst melodischen Gesanges ab. Oft könnte man an einen Teil eines Nachtigallenliedes denken, nur klingt das Lied von *komadori* nicht so hart. Ich notierte „lilo lilo lilo/tüi trürürü . . ." oder „zi düi-trütrütrü" usw. — Als Warnton hörte ich bei Käfigvögeln — *Luscinia* (s. o.) *komadori* ist als solcher sehr beliebt, aber wegen der

Seltenheit teuer — ein tiefes rauhes „kra". In den Stimmäußerungen stehen beide, ja fast alle drei japanischen *Luscinia*-Arten (*calliope* am wenigsten) der Nachtigall nahe; auch *Larvivora cyane* gehört gesangsmäßig in diese Reihe.

Luscinia (s. u.) *komadori* brütet von Mitte April bis Anfang Juni, offenbar in nur einer Brut von 4—5 Eiern. Die Angaben in der japanischen Literatur über den Nistplatz sind nicht einheitlich, nach Kobayashi stehen die Nester gleich denen von *L. akahige tanensis* in Baumhöhlen, auf Amami-Oshima meist in solchen von *Pasania cuspidata* (wie *Lalocitta lidthi*!), nach anderen Autoren auch am Boden unter Steinen und Baumwurzeln. Nestmaterialien sind trockene Bambusblätter und Moose.

Im gleichen Biotop wie *Luscinia komadori*, vor allem dort, wo Baumfarne wachsen, lebt eine Giftschlange (*Trimeresurus flavoviridis*), die gleichfalls auf den Ryukyu-Inseln endemisch ist und die nach Aussagen der Einwohner dem Vogel nachstellt. Dies erscheint bei dem Aufenthalt des Vogels am Boden nicht ausgeschlossen, sicher wird die Schlange den Jungen gefährlich. Auf Hondo konnte ich oft Schlangen (Nattern) als Zerstörer von Vogelbruten feststellen."

FSC
www.fsc.org
MIX
Papier | Fördert gute Waldnutzung
FSC® C083411

Zeitfracht Medien GmbH
Ferdinand-Jühlke-Straße 7
99095 Erfurt, Deutschland
produktsicherheit@kolibri360.de